AF332088

TRAITÉ PRATIQUE

RÉSISTANCE DES MATÉRIAUX

Paris. — Imprimé par E. THUNOT et Cⁱᵉ, rue Racine, 26, près de l'Odéon.

TRAITÉ PRATIQUE

DE LA

RÉSISTANCE DES MATÉRIAUX

APPLIQUÉE A LA CONSTRUCTION

DES PONTS, DES BATIMENTS, DES MACHINES,

PRÉCÉDÉ

DE NOTIONS SOMMAIRES D'ANALYSE ET DE MÉCANIQUE,

SUIVI

DE TABLES NUMÉRIQUES

DONNANT LES MOMENTS D'INERTIE DE PLUS DE 500 SECTIONS

DE POUTRES DIFFÉRENTES;

PAR JULES BOURDAIS,

INGÉNIEUR,

ANCIEN ÉLÈVE DE L'ÉCOLE CENTRALE DES ARTS ET MANUFACTURES.

———— ·❦· ————

PARIS.

MALLET-BACHELIER, IMPRIMEUR-LIBRAIRE

DE L'ÉCOLE CENTRALE DES ARTS ET MANUFACTURES, DE L'ÉCOLE IMPÉRIALE

POLYTECHNIQUE, QUAI DES AUGUSTINS, N° 55.

————

1859

INTRODUCTION.

Depuis quelques années il s'est publié sous le titre d'Aide-Mémoire un grand nombre de livres qui, tout en rendant service à quelques constructeurs, n'ont pas, il nous semble, atteint leur vrai but. Les ingénieurs formés au sein des écoles y ont trouvé les formules que l'Aide-Mémoire devait seulement leur rappeler, accompagnées de demi-démonstrations inutiles, et les constructeurs qui ne les avaient jamais connues n'ont pu avoir de leur vérité qu'une preuve très-incomplète. Entre le livre de science et le simple formulaire, la lacune n'était donc pas comblée : l'un demandait des études trop longues pour le praticien, il fallait avoir en l'autre une confiance trop aveugle. C'est pour essayer de combler cette lacune que nous avons entrepris d'écrire un livre qui pût mettre tout lecteur à même d'appliquer avec connaissance de cause aux constructions les lois de la résistance des matériaux, en supposant seulement à ce lecteur des notions très-élémentaires d'Arithmétique, de Géométrie, d'Algèbre et de Trigonométrie. La première partie de cet ouvrage comprend donc des éléments de Géométrie analytique et de Mécanique nécessaires et suffisants pour comprendre la seconde partie qui démontre les lois de la résistance des matériaux. La troisième partie, le but des deux premières, est l'application des théories au calcul des pièces dont se composent les constructions; elle comprend elle-même trois divisions relatives :

1° Aux ponts; 2° aux bâtiments civils; 3° aux machines. Une série de tableaux numériques vient enfin réduire les calculs à leur plus simple forme en permettant ainsi de traduire immédiatement et pratiquement en chiffres les vérités de la théorie. Les ingénieurs constructeurs et mécaniciens ainsi que les architectes trouveront, je l'espère, dans la troisième partie, des renseignements utiles et dans les deux premières un résumé succinct de leurs études classiques.

Nous avons toujours évité de nous servir de formules empiriques qui ont le grave inconvénient de n'être applicables qu'entre des limites d'expérience souvent fort restreintes. Un seul cas s'est présenté n° 68 où la théorie n'a pu à elle seule résoudre la question, et nous avons proposé en ce cas, pour en tenir lieu, une formule d'une application simple et renfermant les résultats de nombreuses expériences faites entre les limites que présente la pratique.

Nous avons passé sous silence toute théorie restée jusqu'ici sans application et uniquement du domaine des savants; nous ne saurions terminer sans rendre hommage à l'un de ces derniers, M. Belanger, dont nous avons constamment consulté les ouvrages dans le cours de notre travail.

Lettres et signes étrangers à la langue française, dont on fait usage dans le cours de l'ouvrage.

Σ	s'énonce	somme.
$\int$	—	intégrale indéfinie.
$\int_{b}^{a}$	—	intégrale prise entre les limites a et b.
$M_{A}F$	—	moment des forces F par rapport à A.
α	—	alpha.
β	—	bêta.
γ	—	gamma.
δ	—	delta.
Δ	—	grand delta.
ε	—	epsilon.
θ	—	thêta.
μ	—	mu.
π	—	pi. (rapport de la circonférence au diamètre).
ρ	—	rho.
τ	—	tau.
φ	—	phi.
ψ	—	psi.
χ	—	chi.
ω	—	oméga.
Ω	—	grand oméga.

TRAITÉ PRATIQUE

DE LA

RÉSISTANCE DES MATÉRIAUX.

PREMIÈRE PARTIE.

CHAPITRE PREMIER.

GÉOMÉTRIE ANALYTIQUE.

La géométrie analytique a pour but l'étude des propriétés des lignes et pour moyen d'opération l'algèbre.

1. *Position d'un point sur une ligne ou dans un plan.*

Pour fixer la position d'un point M sur une ligne AB, il faut connaître sur cette ligne un autre point fixe O, que l'on prend pour point de départ. On dit alors que le point M est à telle distance du point de départ et de tel côté.

Si la ligne AB est horizontale, la distance OM, portée à droite, par exemple, est dite positive et doit alors être précédée du signe $+$; une distance OM', portée à gauche du point O, est dite négative et précédée du signe $-$. Si la ligne AB est verticale, les distances portées de bas en haut, à partir du point O, sont positives; celles portées de haut en bas, à partir du même point, sont négatives.

Si le point M est dans un plan, on rapporte sa position à celle de deux lignes OX et OY, appelées *axes*. Par le point M, on trace deux parallèles à ces axes; on voit alors qu'il suffit de connaître deux côtés non parallèles du parallélogramme OPMQ, par exemple, OP et PM.

OQ s'appelle *abscisse* et QM *ordonnée* du point M; les points P et Q s'appellent les *projections coordonnées* du point M sur les axes, enfin l'ensemble des lignes OP et PM, ou bien OP et OQ, s'appelle les *coordonnées* du point M par rapport aux axes OX et OY. On dit aussi que OQ est l'x et OP l'y du point M; l'axe OX est dit *axe des x*, l'axe OY, *axe des y*, et le point O, *origine des coordonnées*.

Le point M est défini lorsque l'on connaît la position de l'origine, la direction des axes et la valeur des coordonnées. Le signe attribué à chacune des coordonnées indique dans lequel des quatre angles formés par les axes se trouve le point M. L'x et l'y sont positifs pour un point situé dans l'angle XOY; l'x est négatif et l'y positif dans l'angle —XOY; l'x et l'y négatifs dans —XO—Y; enfin, l'x positif et l'y négatif dans l'angle XO—Y.

Dans la plupart des cas, on prend les axes OX et OY perpendiculaires l'un à l'autre; on dit alors que les coordonnées sont rectangulaires. A moins d'en faire spécialement mention, nous n'en considérerons pas d'autres dans tout ce qui suit.

2. *Recherche de la distance de deux points.*

Soient x et y les coordonnées du point M, x' et y' celles du point M'. On voit, en prolongeant MP jusqu'en R, que

$$M'R = P'P = y' - y.$$

De même $$MR = QQ' = x' - x.$$
Donc l'hypoténuse

$$MM' \text{ ou la distance cherchée} = \sqrt{(x' - x)^2 + (y' - y)^2}.$$

Quant aux angles α et β de la ligne, avec les coordonnées, ils peuvent être déterminés par la valeur de leur tangente.

$$\operatorname{tang} \alpha = \frac{M'R}{MR} = \frac{y' - y}{x' - x},$$

et $$\operatorname{tang} \beta = \frac{MR}{M'R} = \frac{x' - x}{y' - y}.$$

3. Théorème. *Toute équation renfermant deux variables* x *et* y *peut exprimer une ligne.*

Soit l'équation $y = nx^m$. A toute valeur donnée à x correspond une valeur de y. Ces valeurs, portées deux à deux sur leur axe respectif, déterminent une série de points dont l'ensemble compose la ligne.

Réciproquement, toute ligne tracée peut être exprimée par une équation entre les coordonnées y et x, équation qui peut s'écrire

$$y = f(x),$$

qu'on énonce y égale fonction d'x.

4. *Représentation de la ligne droite.*

Soit la ligne AB coupant l'axe des y en un point I, appelons b la distance OI, et par le point I menons une parallèle IR à l'axe des x. Considérons un point M de la ligne AB. On voit que MQ = MR + RQ; mais MR = IR tang $\alpha = x$ tang α; de plus RQ = b. Or pour tout autre point M' de la ligne, M'R' = x tang α et R'Q' = b. Si l'on désigne donc par a la valeur constante de tang α, on aura pour tous les points de la ligne la relation

$$y = ax + b.$$

Si l'on fait dans cette équation $x = o$, on a $y = b$, ce qui veut dire que l'ordonnée correspondante à l'abscisse nulle est égale à la constante b. Cette quantité s'appelle ordonnée à l'origine.

Donc toute droite peut être exprimée par l'équation du 1ᵉʳ degré ci-dessus trouvée; le coefficient de x représente la valeur de la tangente de l'angle que fait cette droite avec l'axe des x et la constante représente l'ordonnée à l'origine.

On voit facilement que lorsque la ligne coupe l'axe des y au-dessous de l'origine, la valeur de b est négative.

Lorsque la ligne fait avec l'axe des x un angle $> 90°$ le coefficient a est négatif.

Lorsque la ligne est parallèle à l'axe des x, $a = o$, et l'équation devient

$$y = b.$$

Enfin, si la ligne est parallèle à l'axe des y, on a, par analogie,

$$x = c,$$

c représentant avec son signe la distance constante de la ligne à l'axe des y.

Réciproquement, toute équation du 1er degré entre x et y pouvant se ramener à la forme

$$y = ax + b,$$

peut être considérée comme exprimant une droite.

On peut construire, en effet, la série des points m, m', etc., donnés par l'équation $y = ax$, c'est-à-dire que, pour une valeur quelconque donnée à x, on pourra calculer y en multipliant cette valeur par le nombre constant a. Tous ces points sont en ligne droite, puisque l'angle α est constant. Ensuite, ajoutant à chaque ordonnée y une quantité constante b, on obtient une ligne parallèle à la première et dont tous les points satisfont à l'équation

$$y = ax + b.$$

5. *Recherche de l'angle de deux droites.*

Prenons pour origine des coordonnées l'intersection des deux droites. Soit V l'angle cherché, soient α et α' les angles que chacune de ces lignes fait avec l'axe des x.

On a évidemment

$$V = \alpha - \alpha'.$$

Or

$$\tang V = \tang (\alpha - \alpha'),$$

$$\tang (\alpha - \alpha') = \frac{\sin (\alpha - \alpha')}{\cos (\alpha - \alpha')},$$

et l'on sait que

$$\sin (\alpha - \alpha') = \sin \alpha . \cos \alpha' - \cos \alpha . \sin \alpha',$$

d'ailleurs

$$\cos (\alpha - \alpha') = \cos \alpha . \cos \alpha' + \sin \alpha . \sin \alpha'.$$

D'où l'on déduit, en divisant par $\cos \alpha . \cos \alpha'$,

$$\tang (\alpha - \alpha') = \frac{\tang \alpha - \tang \alpha'}{1 + \tang \alpha . \tang \alpha'}.$$

En désignant par a et a' les tangentes des angles α et α', on a $\tang V = \dfrac{a - a'}{1 + aa'}$, qui détermine l'angle V.

6. *Représentation du cercle.*

Prenons le centre du cercle pour origine des coordonnées. Soit R son rayon. On voit que pour chaque point on a

$$R^2 = x^2 + y^2.$$

Telle est donc l'équation du cercle, le centre étant l'origine des coordonnées.

Si cette origine est en O', en appelant b la distance OO' du centre à l'origine, on a

$$\overline{OP}^2 = (y' - b)^2,$$

d'où

$$R^2 = x'^2 + (y' - b)^2.$$

Si l'origine des coordonnées est en O'', en appelant c la distance O'O'', on a

$$MP = x'' - c,$$

d'où

$$R^2 = (x'' - c)^2 + (y'' - b)^2.$$

En développant cette équation on obtient

$$R^2 = x''^2 + y''^2 - 2cx'' - 2by'' + b^2 + c^2,$$

ou généralement en désignant par P la constante $R^2 - b^2 - c^2$, par A, la constante $-2c$, et par B, la constante $-2b$, on a l'équation

$$P = x^2 + y^2 + Ax + By,$$

qui est l'équation du cercle, l'origine des coordonnées étant quelconque.

Réciproquement une équation de cette forme exprime un cercle. En effet, en ajoutant aux deux membres $\dfrac{A^2}{4} + \dfrac{B^2}{4}$, on obtient

$$P + \frac{A^2}{4} + \frac{B^2}{4} = P' = x^2 + \frac{A^2}{4} + Ax + y^2 + \frac{B^2}{4} + By,$$

ou bien

$$P' = \left(x + \frac{A}{2}\right)^2 + \left(y + \frac{B}{2}\right)^2,$$

équation dans laquelle $\frac{A}{2}$ représente l'abscisse du centre du cercle et $\frac{B}{2}$ son ordonnée.

Le rayon du cercle est égal à $\sqrt{P}$.

Le caractère distinctif de l'équation du cercle est que le terme xy, produit des deux coordonnées, n'y entre pas et que x^2 et y^2 ont le même coefficient.

7. *Représentation de l'ellipse.*

L'ellipse est une courbe telle que la somme des distances de chacun de ses points à deux points fixe est constante.

Soit $2a$ cette somme constante; soit $2c$ la distance des deux points fixes F et F', appelés *foyers* de l'ellipse. Prenons pour axe des x la ligne qui joint les foyers et pour axe des y une perpendiculaire passant en O, à égale distance des deux foyers.

Soient ρ et ρ' les distances MF et MF', appelées *rayons vecteurs*.

On a, par hypothèse,

$$\rho + \rho' = 2a. \tag{1}$$

Les triangles FPM et MPF' donnent de plus les relations

$$\left. \begin{array}{l} \rho^2 = y^2 + \overline{FP}^2 = y^2 + (c+x)^2 \\ \rho'^2 = y^2 + (c-x)^2 \end{array} \right\} \tag{2}$$

de même

Éliminons ρ et ρ' entre ces trois équations; on a

$$\rho^2 - \rho'^2 = 4cx, \tag{3}$$

d'où

$$(\rho + \rho')(\rho - \rho') = 4cx;$$

ou bien

$$2a(\rho - \rho') = 4cx,$$

ou encore

$$\rho - \rho' = \frac{2cx}{a}.$$

Connaissant la somme et la différence de ρ et de ρ', on en déduit

$$\rho = a + \frac{cx}{a},$$

et

$$\rho' = a - \frac{cx}{a}.$$

La seconde des équations (2) donne, en remplaçant ρ' par sa valeur,

$$\left(a - \frac{cx}{a}\right)^2 = y^2 + (c - x)^2.$$

Effectuant

$$a^2 - 2cx + \frac{c^2 x^2}{a^2} = y^2 + c^2 - 2cx + x^2.$$

Ordonnant

$$y^2 + x^2 - \frac{c^2 x^2}{a^2} = a^2 - c^2,$$

d'où

$$y^2 + \frac{a^2 - c^2}{a^2} \cdot x^2 = a^2 - c^2.$$

Or a est plus grand que c, donc $a^2 - c^2$ est positif.

Si l'on pose

$$a^2 - c^2 = b^2,$$

on a

$$y^2 + \frac{b^2}{a^2} x^2 = b^2;$$

ou bien

$$\frac{y^2}{b^2} + \frac{x^2}{a^2} = 1.$$

Telle est l'équation représentative de l'ellipse.

On en tire

$$y = \pm \frac{b}{a} \sqrt{a^2 - x^2}.$$

Pour $x = o$, on a $y = \pm b$. Quand x augmente en valeur absolue, y diminue; mais on ne peut avoir $x > a$, car la racine d'un nombre négatif est une quantité imaginaire.

Pour $x = a$, on obtient $y = o$.

On voit que l'ellipse est une courbe fermée, symétrique par rapport aux axes.

L'équation de l'ellipse se rencontre souvent sous la forme

$$\beta y^2 + \alpha x^2 = \gamma,$$

α et β étant tous deux de même signe. On ramène cette équation à la forme précédemment indiquée, en posant

$$\frac{\gamma}{\alpha} = a^2 \quad \text{et} \quad \frac{\gamma}{\beta} = b^2.$$

Si α égale β, la distance entre les foyers est nulle et l'équation représente un cercle dont le rayon est $\sqrt{\dfrac{\gamma}{\alpha}}$.

Si γ égale zéro, l'équation représente l'origine des coordonnées.

Enfin, si γ est plus petit que zéro, les valeurs de a et de b sont imaginaires, et l'on dit que l'équation représente une ligne imaginaire.

Les variétés de l'ellipse sont donc : le cercle, le point et la ligne imaginaire.

8. *Représentation de l'hyperbole.*

L'hyperbole est une courbe telle que la différence entre les distances de ses points à deux points fixes est constante.

Par hypothèse on a donc

$$\text{F'M} - \text{FM} = 2a \quad \text{et} \quad \text{FF'} = 2c.$$

De même que pour l'ellipse, on en déduira successivement

$$\rho'^2 = y^2 + (c-x)^2 \quad \text{et} \quad \rho^2 = y^2 + (c+x)^2;$$

d'où

$$\rho' + \rho = \frac{2cx}{a}.$$

Ce qui donne

$$\rho' = \frac{cx}{a} - a \quad \text{et} \quad \rho = \frac{cx}{a} + a;$$

d'où

$$\left(\frac{cx}{a} + a\right)^2 = y^2 + (x+c)^2,$$

en développant et ordonnant

$$y^2 + \frac{a^2 - c^2}{a^2} x^2 = a^2 - c^2.$$

Dans ce cas $a^2 - c^2$ est négatif. En posant

$$a^2 - c^2 = - b^2,$$

on obtient

$$\frac{x^2}{a^2} - \frac{y^2}{b^2} = 1.$$

Telle est l'équation représentative de l'hyperbole.

On voit que cette équation ne diffère de celle de l'ellipse qu'en ce que le terme en y^2 est négatif.

On en tire

$$y = \pm \frac{b}{a} \sqrt{x^2 - a^2}.$$

On voit que x ne peut être plus petit que a en valeur absolue.

Pour $x = \pm a$, on obtient $y = 0$.

Quand x croît indéfiniment, il en est de même de y, la courbe ne rencontre pas l'axe des y, car pour $x = 0$, on obtient

$$y = \pm b \sqrt{-1},$$

qui est une valeur imaginaire; cependant, par analogie avec l'ellipse, on appelle $2b$ et $2a$ les axes de la courbe.

$2a$ est dit axe réel ou transverse, $2b$ l'axe imaginaire.

L'hyperbole se compose donc de deux courbes symétriques par rapport à deux axes et s'étendant indéfiniment de chaque côté de ces axes.

L'équation de l'hyperbole se rencontre souvent sous la forme

$$\alpha x^2 - \beta y^2 = \gamma,$$

α et β étant de signes contraires. On ramène cette équation à la forme précédente en posant $\dfrac{\gamma}{\alpha} = a^2$ et $\dfrac{\gamma}{\beta} = b^2$. Si α égale β, les deux axes de l'hyperbole sont égaux et elle reçoit en ce cas le nom d'hyperbole équilatère.

Si γ dans le second membre a le même signe que α dans le premier, l'axe transverse est l'axe des x; c'est l'axe des y si les signes de γ et de β sont identiques.

Si γ est nul, l'équation devient $y = \pm \dfrac{b}{a} x$ qui exprime deux droites qui se coupent à l'origine des coordonnées; c'est la seule variété de l'hyperbole.

9. *Représentation de la parabole.*

La parabole est une courbe dont chaque point est également distant d'un point fixe et d'une droite fixe.

Abaissons du point F une perpendiculaire sur la droite DQ.

Le point O, milieu de la droite FD sera par définition un point de la courbe. Prenons ce point pour origine des coordonnées.

Soit P la distance FD; on aura pour un point M

$$\rho = MQ = PO + OD = x + \frac{1}{2}\,p.$$

De plus comme $MF = MQ$

$$\rho^2 = \overline{MF}^2 = y^2 + \left(x - \frac{1}{2}\,p\right)^2.$$

De ces deux équations on déduit

$$\rho^2 = \left(x + \frac{1}{2}\,p\right)^2 = y^2 + \left(x - \frac{1}{2}\,p\right)^2$$

d'où

$$y^2 = \left(x + \frac{1}{2}\,p\right)^2 - \left(x - \frac{1}{2}\,p\right)^2,$$

ce qui donne en réduisant

$$y^2 = 2px,$$

ou bien

$$y = \pm\,\sqrt{2px}.$$

Telle est l'équation représentative de la parabole.

A une valeur négative de x correspond une valeur imaginaire de y et à toute valeur positive correspondent deux valeurs de y égales et de signes contraires. La courbe est donc située tout entière à droite de l'axe des y et symétrique par rapport à l'axe des x; elle se compose de deux branches qui s'étendent indéfiniment au-dessus et au-dessous de cet axe.

L'équation de la parabole se rencontre souvent sous la forme $\alpha y^2 = \varepsilon x$ qu'on ramène à la précédente en posant $\dfrac{\varepsilon}{\alpha} = 2p$.

Si ε est nul, l'équation représente l'axe des x. C'est la seule variété de la parabole.

10. *Toute équation du second degré exprime une ellipse, une hyperbole ou une parabole ou une de leurs variétés.*

Il suffit, pour le prouver, de ramener toute équation du second degré à l'une des trois formes

$$\alpha y^2 + \beta x^2 + \delta = 0,$$

ou bien

$$\alpha y^2 - \beta x^2 + \delta = 0,$$

ou encore

$$\alpha y^2 + \varepsilon x = 0.$$

Soit

$$Ay^2 + Bxy + Cx^2 + Dy + Ex + F = 0$$

l'équation du second degré sous la forme la plus générale.

Il faut d'abord faire disparaître le terme en xy. On y parvient en changeant le système d'axes de coordonnées. En effet gardant le même point O pour origine, mais faisant tourner les axes d'un angle α autour de ce point, les coordonnées x et y d'un même point deviennent dans ce nouveau système x' et y' et l'on a

$$x = x' \cos \alpha + y' \sin \alpha,$$

de même

$$y = y' \cos \alpha - x' \sin \alpha,$$

l'équation générale devient alors en remplaçant x et y par ces valeurs en fonction des nouvelles coordonnées.

$$A \cos^2 \alpha . y^2 + A \sin^2 \alpha . x^2 - 2A \sin \alpha . \cos \alpha . xy,$$
$$+ B \cos^2 \alpha . xy - B \sin \alpha . \cos \alpha . x^2 + B \sin \alpha . \cos \alpha . y^2 - B \sin^2 \alpha . xy,$$
$$+ C \cos^2 \alpha . x^2 + C \sin^2 \alpha . y^2 + 2C \sin \alpha . \cos \alpha . xy,$$
$$+ D \cos \alpha . y - D \sin \alpha . x,$$
$$+ E \cos \alpha . x + E \sin \alpha . y,$$
$$+ F,$$

ou bien en ordonnant

$$(A \cos^2 \alpha + B \sin \alpha \cos \alpha + C \sin^2 \alpha) y^2 + (A \sin^2 \alpha - B \sin \alpha \cos \alpha + C \cos^2 \alpha) x^2$$
$$+ (- 2A \sin \alpha \cos \alpha + B \cos^2 \alpha - B \sin^2 \alpha + 2C \sin \alpha \cos \alpha) xy$$
$$+ (D \cos \alpha + E \sin \alpha) y + (- D \sin \alpha + E \cos \alpha) x + F = 0.$$

Pour que le terme en xy disparaisse il faut avoir

$$2A \sin \alpha \cos \alpha - B \cos^2 \alpha + B \sin^2 \alpha - 2C \sin \alpha \cos \alpha = 0,$$

ou bien $(A - C)\,2\sin\alpha\cos\alpha + B\,(\cos^2\alpha - \sin^2\alpha) = 0,$

ou encore $(A - C)\sin 2\alpha + B\cos 2\alpha = 0.$

Ce qui donne $\dfrac{\sin 2\alpha}{\cos 2\alpha} = \operatorname{tang} 2\alpha = \dfrac{-B}{A - C}.$

On choisira donc l'angle α tel que sa tangente ait la valeur indiquée et cela est toujours possible ; à une valeur de la tangente correspondent deux angles différant de 180°, il n'y aura donc qu'un seul système d'axes répondant à la question.

La tangente est indéterminée lorsque $B = 0$ et $A = C$; mais alors le terme Bxy disparaît sans effectuer le changement d'axes et l'équation représente un cercle dont le centre est à l'origine et qui, pour tout système d'axes passant par son centre, est en effet représenté par une même équation

$$y^2 + x^2 + \frac{D}{A}\,y + \frac{E}{A}\,x + \frac{F}{A} = 0.$$

Après avoir éliminé le terme en xy il reste

$$Ay^2 + Cx^2 + Dy + Ex + F = 0.$$

Transportant alors les axes parallèlement à eux-mêmes on aura pour tout point

$$x = x' + a$$

et

$$y = y' + b,$$

l'équation devient

$$Ay^2 + Cx^2 + (2bA + D)y + (2aC + E)x + F' = 0,$$

en appelant F' la valeur nouvelle $Ab^2 + Ca^2 + Db + Ea$ que prend le terme indépendant.

Or l'on peut faire disparaître les termes en y et en x en déterminant a et b de telle sorte que

$$2bA + D = 0$$

et

$$2aC + E = 0,$$

ou bien

$$b = \frac{-D}{2A} \quad \text{et} \quad a = \frac{-E}{2C}.$$

De sorte que l'équation devient

$$Ay^2 + Cx^2 + F' = 0$$

représentant une ellipse lorsque C et A sont de même signe et une hyperbole quand ils sont de signes contraires.

Il peut arriver que le coefficient C de x^2 soit nul *à priori*, alors on déterminera les valeurs de a et de b de manière à annuler le nouveau coefficient et le terme indépendant F'.

Il restera donc

$$Ay^2 + Ex = 0$$

qui représente une parabole.

11. *Courbes transcendantes.*

On appelle courbe transcendante toute courbe dont l'équation n'est pas algébrique. Telles sont :

La sinusoïde représentée par $y = \sin x$.

La logarithmique $y = \log x$.

12. *Courbes paraboliques.*

On appelle courbes paraboliques les courbes dont l'équation est de la forme

$$y = a + bx + cx^2 + \ldots\ldots\ldots\ldots nx^m,$$

où le 2e terme est un polynôme entier en x. Le degré de l'équation est dit aussi degré de la courbe; ainsi la courbe exprimée par l'équation ci-dessus est du $m^{\text{ième}}$ degré.

A une valeur de x ne correspond qu'une seule valeur de y, donc toute parallèle à l'axe des y ne coupe la courbe qu'en un seul point.

A une valeur de y peuvent correspondre m valeurs de x : donc une parallèle à l'axe des x peut couper la courbe en m points.

CHAPITRE II.

CALCUL DIFFÉRENTIEL ET INTÉGRAL.

13. *Calcul différentiel.*

Avant de poser les bases de ce calcul, quelques notions sont nécessaires sur les différences finies des variables et des fonctions.

Soit
$$y = x^3 + 2x^2 + 3x + 4$$

une fonction de y dont les valeurs dépendent de celles de la variable x. Donnons à x des valeurs croissant en progression arithmétique

$$x = 0 \quad 1 \quad 2 \quad 3 \quad 4 \quad 5$$

la fonction prend les valeurs correspondantes

$$y = 4 \quad 10 \quad 26 \quad 58 \quad 112 \quad 194$$

les différences successives entre ces valeurs sont

$$\Delta_1 = 6 \quad 16 \quad 32 \quad 54 \quad 82$$

Elles s'appellent différences premières de la fonction et se représentent par le signe Δ_1. Leurs valeurs peuvent être données par une formule particulière qui sera la différence des deux fonctions.

$$y = (x+1)^3 + 2(x+1)^2 + 3(x+1) + 4,$$
et
$$y = x^3 + 2x^2 + 3x + 4.$$
On a donc
$$\Delta_1 = 3x^2 + 7x + 6.$$

On pourra de même obtenir une formule pour les différences premières de cette nouvelle fonction qui se nommeront différences secondes de y et seront désignées par le signe Δ_2.

De même on pourra calculer les différences d'un ordre quelconque. On conçoit que l'accroissement de x que nous avons fait ici égal à l'unité pourra être égal à une quantité quelconque δ et l'on aura alors

$$\Delta_i = \delta^3 + 3x^2\delta + 3x\delta^2 + 2\delta^3 + 4x\delta + 3\delta$$

ou bien　　$$\Delta_i = (3\delta)x^2 + (3\delta^2 + 4\delta)x + (\delta^3 + 2\delta^2 + 3\delta)$$

14. *Représentation des tangentes.*

On appelle tangente à une courbe en un point donné la limite des positions d'une sécante qui tourne autour de ce point à mesure que le deuxième point d'intersection s'approche du premier.

Soit la courbe $y = f(x)$.

Cherchons l'équation de la tangente au point M. Un point de la tangente cherchée est connu, il ne reste plus qu'à en déterminer la direction par la valeur de la tangente trigonométrique de l'angle qu'elle fait avec l'axe des x. On appelle cette tangente trigonométrique : inclinaison de la ligne.

On a tang $\alpha' = \dfrac{\text{M'H}}{\text{MH}}$, ce qui est le rapport des différences des y et des x ; donc tang $\alpha' = \dfrac{\Delta y}{\Delta x}$.

Si l'on fait décroître jusqu'à une valeur aussi près de zéro qu'on le voudra, la différence PP' des abscisses, le point M' se rapprochera indéfiniment de M et le rapport $\dfrac{\Delta y}{\Delta x}$ tendra vers une limite déterminée tang α qui sera l'inclinaison sur l'axe des x de la tangente MT à la courbe. La limite du rapport $\dfrac{\Delta y}{\Delta x}$ se désigne par $\dfrac{dy}{dx}$.

La valeur infiniment petite dy que prend alors la différence Δy s'appelle *différentielle*. On aura donc tang $\alpha = \dfrac{dy}{dx} = $ limite de $\dfrac{\Delta y}{\Delta x}$.

Cherchons l'expression de cette limite de rapport.

Au point M' l'équation de la courbe devient

$$y + \Delta y = f(x + \Delta x).$$

Par soustraction　　$$\Delta y = f(x + \Delta x) - f(x).$$

d'où limite de $\dfrac{\Delta y}{\Delta x} = \dfrac{dy}{dx} = $ limite de $\dfrac{f(x + \Delta x) - f(x)}{\Delta x}$ qui se représente par $f'(x)$ ou par y' ; cette quantité a reçu le nom de dérivée de y par rapport à x. La relation précédente peut donc aussi se mettre sous la forme

$$dy = f'(x)\,dx.$$

Ce qui indique que pour une valeur suffisamment petite de Δx le rapport de Δy à $f'(x)\Delta x$ différera aussi peu qu'on le voudra de l'unité. On verra dans le calcul intégral comment on est conduit à considérer les accroissements infiniment petits d'une fonction.

On voit d'après la généralité de la formule précédente, que la recherche des dérivées s'applique aussi bien aux fonctions transcendantes qu'aux fonctions algébriques. La recherche des dérivées de toutes les fonctions dont nous nous occuperons dans ce qui suit se ramène facilement à celle des quatre fonctions suivantes :

$$y = x^m; \quad y = \log x; \quad y = \sin x; \quad y = \cos x.$$

Nous allons donc les déterminer successivement.

15. *Recherche de la dérivée de la fonction* $y = x^m$ *dans laquelle* m *est un nombre entier.*

Donnons à x l'accroissement Δx, on a

$$y + \Delta y = (x + \Delta x)^m,$$

qui développée suivant la formule de Newton, donne

$$x^m + mx^{m-1}\Delta x + \frac{m(m-1)}{1.2} x^{m-2}\Delta x^2 + \ldots$$

En divisant par Δx on a

$$\frac{\Delta y}{\Delta x} = mx^{m-1} + \frac{m(m-1)}{2} x^{m-2}\Delta x + \ldots$$

Or à la limite tous les termes, à partir du second, ont pour facteur commun l'infiniment petit dx et sont par conséquent négligeables par rapport au premier. On a donc

$$\frac{dy}{dx} = mx^{m-1}.$$

Telle est la dérivée de x^m.

On en conclut la différentielle $dy = d.x^m = mx^{m-1}dx$.

On voit donc que pour prendre la dérivée par rapport à x d'une fonction de la forme $y = x^m$, il suffit de diminuer l'exposant d'une unité et de multiplier par un coefficient égal au degré de la fonction.

Soit $y = x^{12}$, on aura $y' = 12x^{11}$.

Lorsque l'exposant est fractionnaire, la règle est la même comme on le démontrera plus loin. De même aussi pour un exposant négatif.

16. *Recherche de la dérivée de la fonction* $y = \log x$.

Donnons à x l'accroissement Δx, on a

$$y + \Delta y = \log(x + \Delta x), \quad \text{d'où} \quad \Delta y = \log(x + \Delta x) - \log x,$$

ou encore

$$\Delta y = \log \frac{x + \Delta x}{x} = \log\left(1 + \frac{\Delta x}{x}\right),$$

de là

$$\frac{\Delta y}{\Delta x} = \frac{\log\left(1 + \frac{\Delta x}{x}\right)}{\Delta x}.$$

Si l'on pose $\Delta x = \frac{x}{m}$ ou bien $\frac{\Delta x}{x} = \frac{1}{m}$, Δx variera en raison inverse de m, de sorte que pour Δx infiniment petit, m sera infiniment grand. On aura

$$\frac{\Delta y}{\Delta x} = \frac{m \log\left(1 + \frac{1}{m}\right)}{x} = \frac{\log\left(1 + \frac{1}{m}\right)^m}{x},$$

donc $\frac{dy}{dx} = \frac{1}{x}$ limite de $\log\left(1 + \frac{1}{m}\right)^m$; m croissant indéfiniment.

Or on démontre en algèbre que limite de $\left(1 + \frac{1}{m}\right)^m$ a une valeur égale à $2,71828182\ldots$ qu'on représente ordinairement par la lettre e; cette valeur sert de base au système de logarithmes népériens, ce qui veut dire que dans ce système $\log e = 1$. Il s'ensuit que $\lim\left(\log\left(1 + \frac{1}{m}\right)^m\right) = 1$, et par conséquent $\frac{dy}{dx} = \frac{1}{x}$, si $\log y = \log' x$ a été pris dans le système népérien, sinon on aurait $\frac{dy}{dx} = \frac{\log e}{x}$, telle est la dérivée de $\log x$. $(\text{Log } e = 0,434.)$

17. *Recherche de la dérivée de la fonction* $y = \sin x$.

Donnons à x un accroissement Δx. On aura

$$y + \Delta y = \sin (x + \Delta x),$$

d'où
$$\Delta y = \sin (x + \Delta x) - \sin x,$$

d'où
$$\frac{\Delta y}{\Delta x} = \frac{\sin (x + \Delta x) - \sin x}{\Delta x} = \frac{\sin \left(\frac{1}{2} \Delta x\right) \cos \left(x + \frac{1}{2} \Delta x\right)}{\frac{1}{2} \Delta x}.$$

Or le rapport du sinus à l'arc tend vers 1 pour un arc infiniment petit.

On a donc
$$\frac{dy}{dx} = \cos (x + 0) = \cos x.$$

Telle est la dérivée de $\sin x$.

18. *Recherche de la dérivée de la fonction* $y = \cos x$.

Donnons à x un accroissement Δx, on a

$$y + \Delta y = \cos (x + \Delta x), \quad \text{d'où} \quad \Delta y = \cos (x + \Delta x) - \cos x,$$

$$\frac{\Delta y}{\Delta x} = \frac{\cos (x + \Delta x) - \cos x}{\Delta x} = - \frac{\cos x - \cos (x + \Delta x)}{\Delta x}$$

$$= - \frac{\sin \left(x + \frac{1}{2} \Delta x\right) \sin \frac{1}{2} \Delta x}{\frac{1}{2} \Delta x},$$

d'où enfin
$$\frac{dy}{dx} = - \sin x.$$

Telle est la dérivée de $\cos x$.

19. Théorème. *La dérivée de la somme ou de la différence de plusieurs fonctions est égale à la somme ou à la différence des dérivées de ces fonctions.*

Soient u, v et w des fonctions de x.

Soit y leur somme algébrique $y = u + v - w$.

Donnant un accroissement Δx à la variable x, on a

$$y + \Delta y = (u + \Delta u) + (v + \Delta v) - (w + \Delta w),$$

en appelant Δu, Δv et Δw les accroissements correspondants des fonctions, par soustraction on obtient

$$\Delta y = \Delta u + \Delta v - \Delta w,$$

d'où
$$\frac{\Delta y}{\Delta x} = \frac{\Delta u}{\Delta x} + \frac{\Delta v}{\Delta x} - \frac{\Delta w}{\Delta x},$$

ou bien
$$\frac{dy}{dx} = \frac{du}{dx} + \frac{dv}{dx} - \frac{dw}{dx}.$$

Exemple : En appliquant cette loi à la fonction

$$y = f(x) = x^m + \log x - \cos x,$$

on obtient

$$y' = mx^{m-1} + \frac{\log e}{x} + \sin x.$$

Remarque. Si l'un des termes de la fonction y était une constante, il disparaîtrait dans la soustraction, et la dérivée de cette fonction serait la même que celle de la fonction précédente ; c'est ce qu'on exprime en disant que *la dérivée d'une constante est nulle.*

20. Théorème. *La dérivée du produit de plusieurs fonctions est égale à la somme des produits des dérivées de chaque fonction par le produit de toutes les autres.*

Soient u et v deux fonctions de x. Soit $y = uv$. On aura

$$y + \Delta y = (u + \Delta u)(v + \Delta v),$$

d'où
$$y + \Delta y = uv + v\Delta u + u\Delta v + \Delta u \Delta v,$$

et par différence
$$\Delta y = v\Delta u + u\Delta v + \Delta u \Delta v,$$

ou bien, en divisant par Δx et passant à la limite;

$$\frac{dy}{dx} = v\frac{du}{dx} + u\frac{dv}{dx} + 0;$$

le dernier terme $\dfrac{\Delta u}{x}\,\Delta v$ est en effet nul à la limite.

Exemple. En appliquant cette loi à la fonction $y = x^m \sin x$, on a

$$y' = x^m \cos x + mx^{m-1} \sin x.$$

Il en serait de même pour plus de deux facteurs.

Soit
$$y = uvw,$$
on peut écrire
$$y = u(vw),$$
d'où
$$y' = u\,\frac{d(vw)}{dx} + vw\,\frac{du}{dx}.$$

Mais
$$d(vw) = \frac{vdw}{dx} + \frac{wdv}{dx},$$
d'où en remplaçant
$$y' = uv\,\frac{dw}{dx} + uw\,\frac{dv}{dx} + vw\,\frac{du}{dx}.$$

On démontrerait de même cette loi de formation pour un nombre quelconque de facteurs.

21. THÉORÈME. *La dérivée d'un quotient de fonction s'obtient en multipliant le numérateur par la dérivée du dénominateur, retranchant de ce produit celui du dénominateur par la dérivée du numérateur et divisant le tout par le carré du dénominateur.*

En effet, soit $\quad y = \dfrac{u}{v}, \quad$ d'où $\quad u = vy.$

On sait que
$$\frac{du}{dx} = v\,\frac{dy}{dx} + y\,\frac{dv}{dx},$$

ou bien, en remplaçant y par sa valeur, on a

$$\frac{du}{dx} = v\,\frac{dy}{dx} + \frac{u}{v} + \frac{dv}{dx}, \quad \text{d'où l'on tire} \quad \frac{dy}{dx} = \frac{v\,\dfrac{du}{dx} - u\,\dfrac{dv}{dx}}{v^2}.$$

EXEMPLE : En appliquant cette loi de formation à la fonction $y = \dfrac{\sin x}{\cos x} = \tang x$, on a

$$\frac{dy}{dx} = \frac{\cos x.\cos x + \sin x.\sin x}{\cos^2 x} = \frac{\cos^2 x + \sin^2 x}{\cos^2 x} = \frac{1}{\cos^2 x} = \séc^2 x.$$

22. *Dérivée d'une fonction de fonction.*

Soit $u = f(y)$ une fonction dans laquelle $y = f(x)$, on dit que u est une fonction de fonction et x la variable indépendante.

Entre les différences finies de ces fonctions on a évidemment la relation suivante $\dfrac{\Delta u}{\Delta x} = \dfrac{\Delta u}{\Delta x} \cdot \dfrac{\Delta y}{\Delta y} = \dfrac{\Delta u}{\Delta y} \cdot \dfrac{\Delta y}{\Delta x}$ vraie à la limite $\dfrac{du}{dx} = \dfrac{du}{dy} \cdot \dfrac{dy}{dx}$.

Donc la dérivée d'une fonction de fonction, par rapport à la variable indépendante, est égale au produit des dérivées de chacune de ces fonctions prises par rapport à la variable correspondante. On conçoit qu'il en serait de même pour une fonction d'un nombre quelconque de fonctions.

Exemple : Soit $y = x^{-m}$. On en déduit $\log y = -\, m \log x$. Si l'on pose $u = \log y = -\, m \log x$. On aura, d'après ce qui précède et d'après le n° 16,

$$-\, m\, \frac{\log e}{x} = \frac{\log e}{y} \cdot \frac{dy}{dx}, \qquad \text{d'où} \qquad \frac{dy}{dx} = -\, m\, \frac{y}{x}.$$

Or $\quad y = x^{-m}; \quad$ d'où $\quad \dfrac{dy}{dx} = -\, m\, \dfrac{x^{-m}}{x} = -\, m x^{-m-1}.$

On voit qu'il en serait de même si l'exposant était fractionnaire. La règle de formation du n° 15 est donc générale.

23. *Application des dérivées des fonctions à la recherche des maximums et des minimums des fonctions.*

On dit qu'une quantité variable devient un maximum, quand elle prend une valeur telle que celle qui la précède et celle qui la suit sont toutes deux plus petites qu'elle.

On dit au contraire qu'elle devient un minimum, quand ces mêmes valeurs sont plus grandes qu'elle.

Représentons cette quantité variable par les diverses ordonnées de la courbe

$$y = f(x).$$

Soit M_1 un point très-voisin du maximum supposé en M, la sécante MM_1 pour un point M_1 situé à droite de M sera toujours inclinée du même côté, puisque par hypothèse on a $y_1 < y$. A la limite, la sécante devient une tangente parallèle à l'axe des x; donc l'inclinaison de cette ligne est nulle. Or, l'inclinaison de la tangente est égale à $\dfrac{dy}{dx}$; donc pour le point M on a $\dfrac{dy}{dx} = 0$.

Donc *le maximum d'une fonction correspond à la valeur zéro de sa dérivée première.*

Le même raisonnement s'applique au minimum. Il en résulte que pour chercher le maximum ou le minimum d'une fonction il faut chercher l'expression de sa dérivée première et l'égaler à zéro; l'équation ainsi obtenue détermine les valeurs de x qui correspondent aux maximums ou aux minimums de la fonction.

Pour distinguer un maximum d'un minimum d'une fonction $y = f(x)$ dont on a déterminé la valeur de la variable x au moyen de l'équation $f'(x) = 0$, on opère sur cette dernière fonction dérivée comme on l'a déjà fait sur la fonction donnée, c'est-à-dire qu'on prend la dérivée de $f'(x)$, $\dfrac{dy}{dx} = \dfrac{d.\dfrac{dy}{dx}}{dx}$, ce qu'on écrit $\dfrac{d^2y}{dx^2} = f''(x)$. On y remplace x par la valeur tirée de l'équation $y = 0$, Si $f''(x)$ *donne alors un résultat positif, c'est que la valeur déterminée correspond à un minimum, si le résultat est négatif elle correspond à un maximum.* — En effet construisons la courbe $y = f'(x)$, dont les ordonnées seront égales pour les mêmes abscisses aux valeurs correspondantes de l'inclinaison de la courbe $y = f(x)$, à gauche du point M, les inclinaisons successives de la tangente à la courbe $y = f(x)$ vont sans cesse en diminuant de valeur et par conséquent il en sera de même des ordonnées de la courbe $y = f'(x) = \tang\, \alpha$. La variable x devient nulle pour le point M, et au delà ces mêmes angles deviennent obtus; par conséquent leurs tangentes deviennent négatives après avoir passé par O. Donc la courbe $y = f'(x) = \tang\, \alpha$, d'abord au-dessus de l'axe des x, passera au-dessous en le coupant au point correspondant au minimum M et l'inclinaison de la courbe $f''(x)$ en ce point, sera négative car il résulte de la forme qu'elle affecte que sa tangente en ce point fera avec l'axe des x un angle obtus. Donc pour le cas du maximum, la dérivée seconde $f''(x)$ doit donner un résultat négatif après substitution de la valeur de x déterminée comme nous l'avons vu.

Tout le raisonnement que nous venons de faire sur le maximum s'applique au cas du minimum pour le point M_1, seulement toutes les conclusions sont inverses.

24. *Calcul intégral.*

Le calcul intégral a pour but de trouver une fonction dont on connaît la différentielle ou bien aussi la dérivée.

On peut remarquer que le problème est indéterminé, car à la même dérivée correspondent plusieurs fonctions ; ainsi

$$f(x) \qquad \text{et} \qquad f(x) + C$$

ont la même dérivée $f'(x)$. Des hypothèses particulières permettent seules de trouver la valeur de la constante C.

Soit la courbe AB exprimée par l'équation $y = f(x)$, soit y_0 l'ordonnée du point A ; l'ordonnée du point B sera

$$y = y_0 + KB = y_0 + IM + I'M' + \ldots\ldots + HB.$$

Mais si l'on appelle α, $\alpha'\ldots\ldots$ les angles que font les cordes AM, MM'$\ldots\ldots$ avec l'axe OX ; on aura $IM = AI \tang \alpha = \Delta x \tang \alpha$; de même $I'M' = \Delta'x \tang \alpha'$, d'où

$$y = y_0 + \Sigma \tang \alpha . \Delta x,$$

ce dernier terme représentant la somme des quantités analogues à $\tang \alpha . \Delta x$. En supposant le nombre des divisions infini, $\tang \alpha$ devient égal à $f'(x)$ et Δx devient dx, d'où

$$y = y_0 + \Sigma f'(x)dx.$$

Or l'on désigne par $\int$ et l'on appelle *intégrale* la somme de quantités croissant d'une manière continue, on a donc en ce cas

$$y = y_0 + \int f'(x)dx.$$

On voit qu'on pourra déterminer y pour un point quelconque connaissant la constante y_0 et la fonction $f(x)$ dont $f'(x)$ est la dérivée.

Remarquons que $\int_{y_0}^{y} f'(x)dx = y - y_0$, c'est-à-dire que l'intégrale de y depuis y_0 jusqu'à y est égale à la différence des ordonnées extrêmes.

Nous sommes donc conduits à retourner des dérivées aux fonctions d'x qui les ont produites et cela sous les diverses formes qui se présentent.

24 bis. *Recherche de l'intégrale de diverses fonctions différentielles.* Le problème consiste à chercher une fonction $y = f(x)$ connaissant $y' = f'(x)$ ou sa dérivée première.

On a vu que $y = x^m$ et $y = x^m + C$ ont pour dérivée commune $y' = mx^{m-1}$.

Donc pour prendre l'intégrale d'une fonction de cette forme il suffit d'augmenter l'exposant d'une unité, puis de diviser le résultat obtenu par l'exposant ainsi trouvé, enfin d'ajouter une constante.

On aura donc
$$\int x^m . dx = \frac{x^{m+1}}{m+1} + C.$$

De même on voit que $\sin x$ ayant pour dérivée $\cos x$ on a
$$\int \cos x . dx = \sin x + C.$$

De même
$$\int \sin x . dx = - \cos x + C$$

$$\int \frac{\log . e}{x} dx = \log x + C,$$

et dans le système de logarithmes népériens
$$\int \frac{1}{x} dx = \log x + C.$$

25. *L'intégrale de la somme ou de la différence de plusieurs fonctions égale la somme ou la différence des intégrales de ces fonctions.*

En effet le résultat obtenu en ajoutant entre elles les sommes des différentielles de chaque fonction est évidemment égal à la somme des différentielles de la première fonction plus celle des différentielles de la 2e + etc.........Il en est de même pour la différence.

Lorsque la fonction différentielle à intégrer est accompagnée d'un coefficient on peut le mettre devant le signe $\int$, car ce sera un facteur commun à toutes les différentielles de la fonction.

Ainsi
$$\int K f'(x) dx = K \int f'(x) dx = K f(x) + C.$$

26. *De la quadrature des courbes.*

On nomme ainsi la détermination de la valeur d'une surface limitée par des courbes.

Soit
$$y = f(x)$$
l'équation d'une courbe DC.

Cherchons la valeur de la surface OBCD comprise entre la courbe et l'axe des x.

Décomposons cette surface en tranches parallèles à l'axe des y. Soit Δx l'épaisseur d'une tranche; la surface élémentaire sera représentée par $y\Delta x$ plus une quantité qui, pour Δx infiniment petit, deviendra infiniment petite et négligeable par rapport au rectangle élémentaire, donc la somme intégrale de ces surfaces élémentaires sera $\int y dx$ ou quadrature de la courbe $y = f(x)$

$$\int_0^B y dx = \int_0^B f(x)dx = \int f(O'B)\, dx - \int f(O'O)dx.$$

En désignant par $\int_0^B$ l'intégrale prise depuis $x = O'O$ jusqu'à $x = O'B$. Donc la quadrature des courbes nous ramène immédiatement à l'intégration de fonctions différentielles de la forme $f(x)dx$.

Appliquons cette formule à la parabole passant à l'origine. La formule $x^2 = 2py$ du n° 9 devient en posant $2p = \dfrac{1}{a}$, $y = ax^2$ et donne $\displaystyle\int_0^x ax^2 dx = \dfrac{ax^3}{3}$.

On peut remarquer que $x^2 = \dfrac{y}{a}$ de sorte que la valeur de la quadrature devient $\dfrac{xy}{3}$; c'est le tiers du rectangle OPQM.

La surface OM'MQ est par suite égale aux deux tiers de ce même rectangle.

27. *Méthode de quadrature de Thomas Sympson.*

Pour faire la quadrature d'une courbe dont on ne connaît pas l'équation on divise la surface cherchée en un nombre pair n de tranches dont l'épaisseur est constante et égale à δ, et l'on suppose que l'arc de courbe qui passe par trois points successifs M_0 M_1 M_2 se confond avec un arc de parabole. On a alors surf. $M_0 M_1 M_2 P_2 P_0 = $ trapèze $M_0 M_2 P_2 P_0 + \frac{2}{3} M_0 M_2 N_2 N_0$. Si l'on ajoute aux deux membres de cette équation les $\frac{2}{3}$ du trapèze $M_0 M_2 P_2 P_0$ que l'on peut désigner par T, la surface sera

$$s = T\left(1 - \frac{2}{3}\right) + \frac{2}{3}T + \frac{2}{3}M_0 M_2 N_2 N_0 = T\left(1 - \frac{2}{3}\right) + \frac{2}{3}(T + M_0 M_2 N_2 N_0).$$

Or $T = 2\delta \frac{y_0 + y_2}{2}$ et $M_0 M_2 N_2 N_0 = \left(y_1 - \frac{y_0 + y_2}{2}\right)2\delta$,

donc $s = \frac{2}{3}\delta \frac{y_0 + y_2}{2} + \frac{4}{3}\delta y_1 = \frac{\delta}{3}(y_0 + y_2 + 4y_1).$

La surface suivante sera $s' = \frac{\delta}{3}(y_2 + y_4 + 4y_3)$ et ainsi de suite ; on aura en tout $\frac{n}{2}$ groupes dont la somme sera la surface cherchée.

Quadrature $\int y \, dx = S = \frac{\delta}{3}[y_0 + y_n + 4(y_1 + y_3 + \ldots) + 2(y_2 + y_4 + \ldots)].$

Cette formule étant tout à fait générale s'appliquera à l'intégration d'une fonction quelconque $y = f(x)$, il suffira en effet de donner à x un nombre pair de valeurs également espacées entre les deux limites entre lesquelles on veut prendre l'intégrale. Soit δ la différence de deux valeurs d'x consécutives, on calculera les valeurs d'y qui y correspondent ; en les désignant par $y_0 \, y_1 \, y_2 \ldots y_n$, on aura

$$\int_{x_0}^{x_n} y \, dx = \frac{\delta}{3}[y_0 + y_n + 4(y_1 + y_3 + \ldots y_{n-1}) + 2(y_2 + y_4 + \ldots + y_{n-2})]$$

et l'on obtient une approximation d'autant plus grande que l'on prend pour δ une valeur plus petite.

28. *Rayon de courbure.*

Si l'on considère une portion très-petite Δs d'une courbe quelconque comme se confondant sensiblement avec un arc de cercle, les 2 normales extrêmes se rencontreront en un certain point variable de position suivant la longueur considérée Δs mais qui tendra vers un point fixe O lorsque Δs diminuera jusqu'à devenir infiniment petit. Ce point O s'appelle *centre de courbure*, et sa distance à l'arc ds s'appelle *rayon de courbure* et se désigne par ρ.

En appelant $d\alpha$ l'angle infiniment petit de deux normales qui se coupent, on a $\rho = \dfrac{ds}{d\alpha}$. L'angle $d\alpha$ étant aussi celui que font entre elles les deux tangentes à la courbe aux deux points considérés et les inclinaisons de ces tangentes étant représentées par y' et $(y' + dy')$, la tangente de l'angle $d\alpha$ sera d'après le n° 5 $\dfrac{y' - (y' + dy')}{1 + y'(y' + dy')} = \dfrac{-dy'}{1 + y'^2}$. Or $d\alpha$ étant très-petit peut être remplacé par sa tangente ; on aura donc $d\alpha = \dfrac{-dy'}{1 + y'^2}$. De plus

$$ds = \sqrt{dx^2 + dy^2} = dx \sqrt{1 + \left(\frac{dy}{dx}\right)^2} = dx \sqrt{1 + y'^2}$$

ce qui donnera enfin

$$\rho = \frac{dx\sqrt{1 + y'^2}(1 + y'^2)}{dy'} = \frac{(1 + y'^2)^{\frac{3}{2}}}{y''}.$$

Telle est l'expression générale du rayon de courbure.

On peut remarquer que lorsque la courbe est très-peu inclinée sur l'axe des x l'angle α se confond avec sa tangente trigonométrique, et l'on a

$$\alpha = y' \ \text{d'où} \ d\alpha = y''dx,$$

de plus en ce cas

$$ds = dx,$$

d'où l'on déduit enfin

$$\rho = \frac{dx}{y''dx} = \frac{1}{f''(x)}.$$

29. *Représentation des lignes dans l'espace.*

Nous n'avons considéré jusqu'ici que des figures géométriques dont tous les points sont situés dans un même plan, et nous avons rapporté tous les points de ces figures à deux axes de coordonnées tracés dans ce plan.

Lorsqu'il s'agit de figures dont les diverses parties ne sont pas dans un même plan, on fixe la position de chacun de leurs points par celle de sa projection sur un plan nécessitant comme on l'a vu deux coordonnées et par sa hauteur au-dessus ou au-dessous de ce plan, de là trois coordonnées distinctes.

Le point M_2 projeté en M'_2 aura donc pour coordonnées les droites $M'_2 P_2$, $M'_2 Q_2$ appelées l'x et l'y de M_2 et la droite $M_2 M'_2$ appelée le z de ce point.

Les conventions de signes sont les mêmes que pour un système de deux axes.

La longueur d'une ligne projetée sur un axe est évidemment égale à la différence des ordonnées de ses points extrêmes sur cet axe; ainsi $M_1 M_2$ projeté sur l'axe des x a pour valeur $OP_2 - OP_1 = x_2 - x_1$.

Les trois plans XOY, YOZ, ZOX, sont pris généralement perpendiculaires entre eux et reçoivent le nom de plans de coordonnées.

Il est clair que, connaissant la distance d'un point à chacun de ces trois plans, la position de ce point est déterminée.

CHAPITRE III.

MÉCANIQUE.

30. *Définitions.*

La mécanique a pour but l'étude des lois et des causes du mouvement ainsi que des conditions de repos des corps. De là deux parties distinctes : la *dynamique* traitant du mouvement des corps, la *statique* traitant de leur repos.

On dit qu'un corps est en mouvement par rapport à d'autres lorsque sa position par rapport à ces derniers change avec le temps.

Si les corps auxquels on rapporte le mouvement sont en repos, le mouvement est dit *absolu*; s'ils sont eux-mêmes en mouvement, celui du corps en question est dit *relatif*.

L'ensemble des positions qu'occupe successivement un point dans l'espace forme une ligne que l'on appelle *trajectoire* du point.

Nous aurons à étudier le mouvement des points matériels ou molécules des corps et celui des systèmes matériels ou ensemble de points matériels. Nous supposerons d'abord, dans ce qui va suivre, que le mouvement est absolu.

31. *Du mouvement uniforme.*

On dit que le mouvement est *uniforme* lorsque le point parcourt en des temps égaux des espaces égaux.

Cherchons à exprimer cette loi par une équation.

Supposons que le point se meuve suivant une trajectoire OD quelconque; on connaît en un certain moment sa position A par la distance OA mesurée sur la trajectoire. Soit S_0 cette distance.

Après l'unité de temps (on prend pour unité la seconde) le mobile sera en B, puis après un temps égal il sera en C, puis en D, etc... Or les longueurs AB, BC, CD, etc., sont par hypothèse égales, donc après un temps quelconque désigné par t le mobile sera à une distance S du point A exprimée par $S = S_0 + AB.t$.

La longueur AB qui représente le chemin parcouru pendant l'unité de temps s'appelle la vitesse, elle est égale au rapport de l'espace parcouru au temps employé à le parcourir. On voit que dans le mouvement uniforme elle est constante et égale pour un instant quelconque au rapport de l'espace parcouru au temps employé à le parcourir. Soit v cette vitesse. On peut remarquer que l'équation $S = S_0 + vt$ entre les variables S et t est de même forme que celle qui lie les coordonnées x et y d'une droite (n° 4). On pourra donc aussi représenter la loi du mouvement uniforme par une droite dont l'ordonnée à l'origine sera égale au chemin initial S_0 et dont l'inclinaison sur l'axe des temps sera égale à la vitesse constante v.

On appelle mouvement *périodiquement uniforme* le mouvement d'un mobile qui, pour des périodes de temps égales, parcourt des espaces égaux sans qu'il en soit de même pour les diverses parties de ces périodes.

32. *Du mouvement varié quelconque.*

On appelle *mouvement varié* celui que possède un mobile dont la vitesse varie d'un instant à l'autre.

Dans ce mouvement, la vitesse variant par intervalles infiniment petits de temps, elle sera exprimée par le rapport des différentielles $\dfrac{ds}{dt}$.

La limite $\dfrac{dv}{dt}$ du rapport de l'accroissement de la vitesse à l'accroissement du temps s'appelle *accélération* et se désigne par j.

Dans le mouvement uniforme, l'accroissement de vitesse étant nul, il en est de même pour l'accélération j.

On voit donc que la vitesse est la dérivée première de l'espace par rapport au temps $v = \dfrac{ds}{dt}$ et l'accélération en est la dérivée seconde $j = \dfrac{dv}{dt} = \dfrac{d^2s}{dt^2}$.

33. *Du mouvement uniformément varié.*

Parmi les mouvements variés on distingue le mouvement uniformément varié; c'est celui pour lequel l'accélération est constante, c'est-à-dire que la vitesse v croît de quantités égales en des temps égaux.

La relation $j = \dfrac{dv}{dt}$ donne $dv = j\,dt$, d'où en intégrant $v = jt + C$

où C représente la vitesse initiale v_0 car pour $t = 0$ on doit avoir $v = v_0$. On a donc $v = v_0 + jt$. Après l'unité de temps, on a $v = v_0 + j$, ce qui conduit à dire que dans le mouvement uniformément varié, l'accélération est égale à l'accroissement de la vitesse pendant l'unité de temps.

j peut être positif ou négatif, ce qui donne lieu au mouvement uniformément accéléré et au mouvement uniformément retardé.

D'après ce qui précède on a

$$\frac{ds}{dt} = v = v_0 + jt,$$

ce qui donne
$$ds = v_0\,dt + jt\,dt,$$

d'où en intégrant
$$S = v_0 t + \frac{1}{2} jt^2 + C.$$

La constante C est égale à S_0 car pour $t = 0$ on doit avoir $S = S_0$.

Donc l'équation $\qquad S = S_0 + v_0 t + \frac{1}{2} j t^2$

représente la loi du mouvement uniformément varié. Si l'on représente cette relation entre les variables S et t par une courbe appelée courbe des espaces, on voit que l'on obtient une parabole dont l'ordonnée à l'origine est S_0, car t est alors nul.

La vitesse $v = \frac{ds}{dt}$ est représentée par l'inclinaison de la tangente sur l'axe des temps. Cette courbe s'appelle courbe des espaces.

Si l'on représente par une courbe l'équation $v = v_0 + jt$, on a la courbe des vitesses dont l'inclinaison des tangentes représente l'accélération. Dans le mouvement uniformément varié on obtient une droite dont l'ordonnée à l'origine représente v_0. On peut remarquer que la quadrature de la courbe qui, dans le cas actuel est un trapèze, représente l'espace parcouru, car l'on a

$$v = \frac{ds}{dt} \quad \text{ou} \quad ds = vdt \quad \text{d'où} \quad S = \int vdt.$$

On peut de même représenter l'accélération j par une courbe qui, dans le cas du mouvement uniformément varié, est une droite parallèle à l'axe des temps, car l'accélération j est constante.

Si dans la formule $v = v_0 + jt$ on suppose $t = 1$, on a

$$v - v_0 = j,$$

d'où l'on voit que dans le mouvement dont il s'agit l'accélération est égale à la vitesse acquise au bout de l'unité de temps.

Des deux équations

$$S - S_0 = V_0 t + \frac{1}{2} j t^2 \quad \text{et} \quad V = V_0 + jt$$

on peut, en éliminant le temps, déduire une relation entre la vitesse V et le chemin parcouru $S - S_0 = E$.

Multipliant la première par $2j$, on a

$$2j\mathrm{E} = 2j\mathrm{V}_0 t + j^2 t^2.$$

Élevant la seconde au carré

$$\mathrm{V}^2 = \mathrm{V}_0^2 + 2\mathrm{V}_0 jt + j^2 t^2.$$

Par soustraction $\qquad \mathrm{V}^2 - 2j\mathrm{E} = \mathrm{V}_0^2.$

De là $\qquad\qquad \mathrm{V}^2 - \mathrm{V}_0^2 = 2j\mathrm{E},$

si le mobile part du repos $\mathrm{V}_0 = 0$, et il reste

$$\mathrm{V}^2 = 2j\mathrm{E},$$

ou bien $\qquad\qquad \mathrm{V} = \sqrt{2j\mathrm{E}}.$

On pourrait représenter tous les mouvements par des courbes analogues à celles dont nous avons parlé et cela sans en connaître les équations.

En effet, il suffira de connaître la position du mobile sur sa trajectoire en des instants assez rapprochés.

On construira la *courbe des espaces* par les points dont les coordonnées seront le temps et les espaces parcourus mesurés sur la trajectoire; cette courbe tracée, on en déduira la *courbe des vitesses*, dont les ordonnées seront égales aux inclinaisons de la courbe des espaces.

De même, *la courbe des accélérations* se construira en prenant pour ses ordonnées les inclinaisons de la courbe des vitesses.

34. *Différentes natures du mouvement des corps solides.*

On appelle *corps solide*, un système de points matériels liés entre eux d'une manière invariable.

Les mouvements les plus compliqués que peut prendre un pareil système peuvent toujours se ramener à deux sortes de mouvement : le *mouvement de translation* et le *mouvement de rotation*.

Un corps est dit se mouvoir d'un *mouvement de translation* lorsque les vitesses de chacun de ses points sont à un instant quelconque égales entre elles, et lorsque les chemins parcourus sont parallèles.

On appelle *mouvement de rotation* autour d'un axe, celui que possède un corps lorsque chacun de ses points décrit une circonférence dont le plan est perpendiculaire à l'axe et dont le rayon est égal à la distance du point à l'axe.

Dans ce dernier mouvement, on appelle *vitesse angulaire* l'arc parcouru pendant l'unité de temps par un point situé à un mètre de l'axe. On désigne cette vitesse par ω.

On voit que pour un même angle décrit l'espace parcouru par un point quelconque est proportionnel à sa distance R à l'axe. Si donc un point situé à un mètre parcourt ω pendant l'unité de temps, le point dont il s'agit parcourra Rω, ce sera sa vitesse; d'où

$$v = R\omega; \quad \text{de là} \quad \frac{dv}{dt} = R\frac{d\omega}{dt}.$$

Si l'on représente par α l'accélération angulaire $\dfrac{d\omega}{dt}$, on aura la relation

$$j = \alpha R.$$

On peut adopter pour sens positif du mouvement tel sens que l'on veut, en ayant soin de prendre pour sens négatif le sens contraire.

55. *Du mouvement relatif.*

Nous avons déjà défini ce genre de mouvement au n° 30.

Soit un mobile parcourant la trajectoire AN, pendant qu'un point, auquel on rapporte son mouvement, se meut lui-même sur AM.

Soit V la *vitesse absolue* du mobile; V_c la vitesse du point de comparaison que l'on appelle *vitesse d'entraînement.*

Soit V_r la *vitesse relative* du mobile par rapport au point de comparaison.

Les deux mobiles, partant du même point A, auront décrit au bout d'un temps infiniment petit, dt, les espaces droits ou courbes, AC et AB, qui pour ce temps infiniment petit se confondront avec les droites

$$AC \quad \text{et} \quad AB,$$

et seront représentés par

$$V dt \quad \text{et} \quad V_r dt.$$

La ligne BC représentera l'espace $V_r dt$ relativement parcouru. Or, dt étant un facteur commun à ces trois termes, les espaces seront proportionnels aux vitesses, et par conséquent les droites AC, AB et BC représenteront à une autre échelle les vitesses V, V_e et V_r. On voit donc que dans un mouvement relatif les trois vitesses forment un triangle, ou bien, en reportant la vitesse relative à l'origine A, on voit aussi que la vitesse absolue est égale à la diagonale du parallélogramme construit sur les vitesses relative et d'entraînement.

36. *Des forces.*

On appelle *inertie* de la matière la propriété que possède tout système matériel de ne point se mettre en mouvement ou de ne point modifier celui qu'il possède sans qu'il intervienne pour cela une cause étrangère nommée *force*. Cette propriété est admise comme un des principes fondamentaux de la mécanique.

On prend pour *unité de force* l'action attractive de la terre, dite action de la pesanteur sur un décimètre cube d'eau distillée à son maximum de densité, c'est-à-dire à $4°,1$ centigrade. On appelle cette force un *kilogramme*.

Le point sur lequel une force agit est dit son point d'application et la direction qu'elle donnerait au mobile si elle agissait seule s'appelle direction de la force.

Une force se représente en grandeur et en direction par une droite de longueur proportionnelle à son intensité.

37. *De l'impulsion d'une force.*

Le temps que met une force pour agir n'est jamais nul.

On appelle impulsion d'une force le produit de cette force par la durée de son action. Fdt est l'impulsion élémentaire de la force F et $\int Fdt$ exprime l'impulsion entière d'une force d'intensité variable à chaque instant.

38. *Du travail d'une force.*

On appelle travail d'une force, supposée constante pendant un certain temps, le produit du chemin, que parcourt le mobile dans le même temps, en vertu de la vitesse acquise, par la projection de la force sur la direction du chemin.

Ainsi
$$F\cos(F,ds).\,ds$$

est le travail de la force F pendant le temps que le mobile met à parcourir le chemin ds.

Dans le cas du mouvement de rotation l'expression du travail peut se mettre sous une autre forme. Remarquons que la projection d'une force quelconque P, sur le chemin ds, est égale à la projection sur le même chemin de sa projection F sur le plan de rotation ; le travail P sera donc égal au travail de F ; soit ρ la distance du mobile à l'axe de rotation et $d\alpha$ l'arc parcouru à l'unité de distance de l'axe, on aura

$$ds = \rho d\alpha.$$

D'où
$$F ds \cos(F,ds) = F\rho d\alpha \cos(F,ds).$$

Mais $\rho \cos(F,ds)$ est égal à la distance p de l'axe à la force F, car l'angle (F,ds) est égal à celui que fait ρ avec p, d'où le travail de F que l'on représente par le signe

$$T.F = F p d\alpha.$$

Le produit Fp d'une force par sa distance à l'axe de rotation se nomme *moment de la force* par rapport à l'axe ; on voit donc que le travail d'une force est égal à son moment multiplié par l'angle correspondant à l'arc décrit par son point d'application.

L'unité de travail s'appelle *kilogrammètre*, c'est le produit des deux unités de force et de longueur.

On appelle cheval vapeur un travail continu de 75 kilogrammètres par seconde.

38 *bis. Du travail de deux forces égales et opposées.*

Soient deux points, l'un en A, l'autre en B, sollicités chacun dans le sens AB par une force F. Soient, après un temps infiniment petit dt, A' et B', les nouvelles positions des deux points. Le travail des deux forces F sera évidemment exprimé par

$$F(Bb + Aa) = F(ab + AB).$$

Or, A'B' étant infiniment peu inclinée sur ab sera sensiblement égale à cette dernière et l'expression du travail cherché sera

$$F(A'B' - AB) = F dl,$$

en appelant dl la distance dont se sont éloignés les deux points.

39. *Axiômes fondamentaux.*

1° *Principes de l'indépendance des mouvements.*

Si l'on imagine deux points matériels animés d'un même mouvement, et si l'on applique à l'un d'eux une force, le mouvement qui en résultera relativement au mouvement de l'autre point sera toujours le même quel qu'ait été le mouvement primitif.

2° *Principe de l'action et de la réaction.*

Lorsqu'un corps communique à un autre une force quelconque, cet autre exerce sur lui une force de même intensité et de même direction, mais de sens opposé. C'est ce que l'on exprime en disant : l'action est égale et contraire à la réaction.

Ces deux principes sont admis sans démonstration, ce sont les axiomes fondamentaux de la mécanique.

39 *bis. Une force constante en grandeur et en direction appliquée à un point matériel lui communique un mouvement uniformément varié.*

Soit un point m, en repos ou en mouvement, sur lequel vient agir à un certain moment la force F de grandeur et de direction constantes. Après un intervalle de temps, dt, infiniment petit, le point aura pris un accroissement de vitesse dv; à la fin d'un second intervalle égal à dt; il aura pris, sous l'influence de la même force F un nouvel accroissement de vitesse dv; donc la vitesse se sera accrue de $2dv$ pendant le temps $2dt$. De même, à la fin d'un troisième intervalle, elle se sera accrue de $3dv$..... Nous voyons donc que pendant toute la durée du temps, la vitesse ira sans cesse en croissant proportionnellement au temps. Cette augmentation est le caractère distinctif du mouvement uniformément varié (n° 33).

Si l'on détermine l'accroissement de la vitesse du point m pendant l'unité de temps, on aura la valeur de l'accélération dans le mouvement dû à l'action de la force F (n° 33).

On appelle *points matériels égaux* ceux qui, sous l'action de forces égales, prennent des accélérations égales.

Soient deux points matériels égaux sur lesquels agissent deux forces égales F ; soit à un certain moment une nouvelle force égale à F, agissant sur l'un de ces points, il va prendre, par rapport à l'autre, une nouvelle accélération égale à celle que la première force F lui avait fait acquérir (n° 39); donc il possédera en somme une accélération double sous l'action de la force double 2F..... On en conclut que les forces sont proportionnelles aux accélérations qu'elles impriment à un même point matériel.

On nomme *masse d'un corps*, le rapport constant de la force à l'accélération qu'elle imprime à ce corps. Ainsi, en désignant par m la masse d'un point, on aura

$$m = \frac{F}{j}, \quad \text{d'où} \quad F = mj, \quad \text{ou bien} \quad j = \frac{F}{m}.$$

Nous avons vu (n° 32) que dans tout mouvement varié l'accélération est égale à la dérivée seconde de l'espace par rapport au temps; donc, dans le mouvement dû à l'action de la force F (cette force étant de grandeur et de direction constante), on a

$$\frac{d^2 s}{dt^2} = j = \frac{F}{m}.$$

Une première intégration donne par suite la vitesse

$$\frac{ds}{dt} = jt = \frac{F}{m} t + C = V,$$

et une seconde intégration donne l'espace

$$\int \frac{ds}{dt} = \frac{1}{2} j t^2 = \frac{1}{2} \frac{F}{m} t^2 + Ct + C' = S.$$

Les constantes C et C' se déterminent en supposant $t = 0$; de sorte que l'on a évidemment alors $C = v_0$, ou vitesse initiale, et $C' = S_0$ ou chemin initial.

L'équation du mouvement d'un point est par suite

$$S = \frac{1}{2} \frac{F}{m} t^2 + v_0 t + S_0.$$

La pesanteur est une force dont l'action est proportionnelle aux masses sur lesquelles elle agit, car agissant séparément et de la même manière sur des masses élémentaires, son action totale est évidemment la somme de ces actions élémentaires; il en résulte que l'accélération qui lui est due est constante pour tous les corps qui tombent en un même lieu de la surface de la terre.

L'accélération due à la pesanteur se désigne par g.

Soit P le poids de la masse m, on aura

$$P = mg,$$

et l'expérience démontre qu'à la latitude de Paris

$$g = 9,81,$$

On en conclut que le poids de la masse égale à 1 ou de l'unité de masse est égal à 9$^{\text{kilogr.}}$,81, pour un corps de nature quelconque.

40. *De la composition des forces appliquées à un même point.*

Soit un point m sollicité par les deux forces F et F'.

Soit DB le chemin que parcourrait le point m pendant le temps dt si F agissait seule. Ce mouvement serait uniformément varié et par conséquent on aurait

$$S = DB = \frac{1}{2} j \, \overline{dt}^{\,2} = \frac{1}{2} \frac{F}{m} \overline{dt}^{\,2},$$

le chemin initial et la vitesse initiale étant nuls.
On aurait de même

$$DA = \frac{1}{2} \frac{F'}{m} \overline{dt}^{\,2}.$$

Or, d'après le principe de l'indépendance des mouvements (n° 39), le point m ayant parcouru l'espace DB sous l'action de la force F, il parcourra sous l'action de F' l'espace BC = DA, de même grandeur que si la force F n'avait pas agi. Il se trouvera donc en C au bout du temps dt. Or il se trouverait au même point s'il avait

parcouru, sous l'action d'une force R, le chemin DC = $\frac{1}{2} \frac{R}{m} \overline{dt}^{\,2}$;

donc les deux forces F et F' agiront sur le point comme le ferait une seule force R, que l'on nomme, pour cette raison, leur résultante.

On peut remarquer que les trois chemins DB, BC et DC sont proportionnels aux forces F, F', R, car dans leur expression entre le facteur commun $\dfrac{\overline{dt}^2}{2m}$; donc, on pourra représenter ces trois forces par les lignes DB, BC et DC ; nous en déduirons le théorème suivant : La résultante de deux forces est égale en intensité et en direction à la diagonale du parallélogramme construit sur ces deux forces. On peut de plus connaître la valeur de la résultante R, car le triangle ADC donne

$$R^2 = F^2 + F'^2 + 2FF' \cos (F,F').$$

Pour connaître la résultante d'un nombre quelconque de forces, on peut, d'après le principe de l'indépendance des mouvements, combiner d'abord deux d'entre elles, puis la première résultante obtenue avec la troisième force, puis la deuxième résultante avec la quatrième force, etc... Ou plus simplement, en portant à la suite les unes des autres toutes les forces ; la ligne qui ferme le polygone ainsi formé est la résultante.

41. Théorème. *Le travail de la résultante est égal à la somme des travaux des composantes.*

Le chemin parcouru ayant la direction de la résultante, on a

$$\mathcal{T}R = R\,ds.$$

Soient α et α' les angles que les forces F et F′ forment avec la résultante, on aura

$$\mathcal{T}F = F\,ds \cos \alpha \quad \text{et} \quad \mathcal{T}F' = F'\,ds \cos \alpha'$$

or
$$F \cos \alpha = DE \quad \text{et} \quad F' \cos \alpha' = DF = EC.$$

Donc
$$F \cos \alpha + F' \cos \alpha' = DE + EC = DC = R,$$

ou bien
$$F\,ds \cos \alpha + F'\,ds \cos \alpha' = R\,ds.$$

Par le même raisonnement qu'au n° précédent, on prouverait la généralité de ce théorème pour un nombre quelconque de forces.

42. *Du mouvement de la projection d'un mobile sur un axe.*

Soit un point matériel m possédant une vitesse initiale V_0 et sollicité par une force R. Le chemin que parcourrait le mobile dans le temps t, si la force R n'agissait pas, serait $V_0 t$; si au contraire la force R agissait seule, il parcourrait dans le même temps un chemin $\frac{1}{2}\frac{R}{m}t^2$.

Rapportons ce mouvement à trois axes de coordonnées. Le mobile parti du point m sera en m' au bout du temps t et l'on aura pour l'x du point m' la valeur

$$x = x_0 + \text{projection de } (V_0 t) + \text{proj.} \left(\frac{1}{2}\frac{R}{m}t^2\right)$$

en appelant x_0, l'x du point m. Soit de plus V_{0x} et R_x les projections sur l'axe des x de la vitesse V_0 et de la force R on aura

$$x = x_0 + V_{0x}t + \frac{R_x}{2m}t^2.$$

Or d'après ce qui précède, cette équation est celle du mouvement d'un point de masse m qui se meut sur l'axe des x avec une vitesse initiale V_{0x} et sous l'action de la force R_x.

Donc la projection d'un mobile sur un axe se meut comme un point libre de même masse possédant une vitesse initiale égale à la projection sur l'axe de la vitesse initiale du mobile, et sollicité par une force égale à la projection sur le même axe de la résultante des forces qui agissent réellement sur le mobile.

45. *Forces centripète, tangentielle et centrifuge.*

Soit un mobile parcourant une courbe quelconque sous l'action d'une force variable de grandeur et de direction. Considérons son mouvement pendant un temps infiniment petit dt pour lequel l'arc de trajectoire pourra se confondre avec un arc de cercle O dont le rayon r et le centre O seront le rayon et le centre de courbure de la trajectoire au point considéré. Soit mO pris pour axe des x; soit la tangente en m prise pour axe des y. Décomposons le mouvement en deux, l'un suivant mO, l'autre suivant mY. Appelons ψ la force qui ferait parcourir à un point de masse m la trajectoire mm', telle que m'_1 soit toujours la projection de m'. On aura

$x = \frac{\psi}{2m}t^2$; la vitesse initiale du mobile étant perpendiculaire à mO, sa projection sur cet axe sera nulle. Mais en remarquant que la corde mm' se confond avec l'arc S, on aura, d'après une propriété géométrique, $S^2 = 2rx$. De plus on a $S = vt$, d'où $S^2 = v^2t^2$. En éliminant S et t entre ces trois équations, on aura enfin

$$\psi = \frac{mv^2}{r}.$$

Cette force ψ qui tend à ramener le mobile vers le centre de rotation s'appelle *force centripète*. Elle peut s'exprimer aussi en fonction de la vitesse angulaire ω. On a en effet

$$v = \omega r, \qquad \text{d'où} \qquad v^2 = \omega^2 r^2,$$

ce qui donne $\qquad \psi = m\omega^2 r.$

L'action du mobile sur les corps qui lui transmettent la force centripète a reçu le nom de *force centrifuge*. Ces deux forces sont égales et opposées d'après le 2e principe du n° 39.

Si l'on appelle φ la composante de la force totale suivant l'axe des Y, on aura en remarquant que l'arc S supposé infiniment petit ne diffère pas de sa projection sur mY

$$\varphi = m\frac{dv}{dt} = mj.$$

Telle est l'expression de la *force tangentielle*.

44. On appelle *quantité de mouvement d'un point* le produit de sa masse par sa vitesse.

THÉORÈME. *L'accroissement de quantité de mouvement d'un point matériel pendant un certain intervalle de temps est égal à la somme des impulsions des forces* (n° 37) *pendant le même temps.*

Considérons d'abord un mouvement rectiligne.

Soit un point matériel de masse m sur lequel agit la force F pendant le temps dt. On a (39 *bis*)

$$\frac{F}{m} = j = \frac{dv}{dt} \text{ d'où } Fdt = mdv,$$

et en intégrant entre les limites t_0 et t d'un temps initial à un temps final quelconque

$$\int_{t_0}^{t} Fdt = mv - mv_0$$

Si le mouvement est curviligne, φ représentant la somme des projections sur la tangente à la trajectoire des forces qui agissent sur le mobile et dont F est la résultante, on aura

$$\varphi = F \cos (F, ds).$$

Or on a (n° 43) $mdv = \varphi dt.$

On en déduit $mdv = F \cos (F, ds)dt.$

D'après le n° 42 ce théorème s'applique au mouvement de la projection d'un point.

Théorème. *Dans un corps quelconque* (n° 34) *en mouvement, l'accroissement de quantité de mouvement projetée sur un axe est égal à la somme des impulsions des forces extérieures projetées sur le même axe.*

Les forces qui s'exercent sur un corps peuvent se diviser en deux, les unes dites extérieures qui sont dues à la présence de corps étrangers au système; les autres dites intérieures qui s'exercent de molécule à molécule du système, ces dernières sont (n° 39) deux à deux égales et opposées.

Désignons par F les forces extérieures et par f les forces intérieures. Pour un point m' on aura, d'après ce qui précède

$$m'v'_x - m'v'_{0x} = \int_{t_0}^{t} F'_x dt + \int_{t_0}^{t} f'_x dt,$$

de même pour un autre point

$$m''v''_x - m''v''_{0x} = \int_{t_0}^{t} F''_x dt + \int_{t_0}^{t} f''x dt$$

. . . .

et par addition $\Sigma mv_x - \Sigma mv_{0x} = \Sigma \int_{t_0}^{t} F dt + 0,$

la somme des forces intérieures projetées étant nulle, car elles sont deux à deux égales et de signe contraire.

45. On appelle *puissance vive d'un point* la moitié du produit de sa masse par le carré de sa vitesse.

(Les auteurs du siècle dernier donnaient à ce produit tout entier le nom de force vive, dénomination incorrecte, la quantité dont il s'agit n'étant pas une force).

Théorème. *L'accroissement de puissance vive d'un point matériel pendant un certain intervalle de temps est égal à la somme des tra-*

vaux de toutes les forces qui agissent snr ce point pendant le même temps.

Considérons d'abord un mouvement rectiligne : soit un point matériel de masse m. On a $Fdt = mdv$ et $ds = vdt$, d'où en multipliant membre à membre et divisant par dt, on a $Fds = mvdv$, et en intégrant $\int_{s_0}^{s} Fds = \frac{1}{2} mv^2 - \frac{1}{2} mv_0^2$. Si le mouvement est curviligne, on aura comme au n° 44 $mdv = F \cos(F, ds)dt$, de plus $v = \dfrac{ds}{dt}$. Ces deux équations multipliées membre à membre donnent

$$mvdv = F \cos(F, ds)ds \quad \text{et en intégrant} \quad \frac{1}{2} mv^2 - \frac{1}{2} mv_0^2 = \Sigma \boldsymbol{T} . F.$$

Ici il n'est pas nécessaire de mentionner comme au n° 43 la condition de projection, car elle entre dans la définition même du travail (n° 38).

THÉORÈME. *Dans un corps quelconque en mouvement l'accroissement de puissance vive est égale à la somme des travaux des forces.*

Pour un point on a

$$\frac{1}{2} m'v'^2 - \frac{1}{2} m'v_0'^2 = \boldsymbol{T}F' + \boldsymbol{T}f'$$

de même

$$\frac{1}{2} m''v''^2 - \frac{1}{2} m''v''_0{}^2 = \boldsymbol{T}F'' + \boldsymbol{T}f''$$

$$\cdots \cdots \cdots \cdots \cdots \cdots$$

et par addition

$$\Sigma \frac{1}{2} mv^2 - \Sigma \frac{1}{2} mv_0^2 = \Sigma \boldsymbol{T}F + \Sigma \int fdl,$$

d'après le n° 38 *bis*.

Si le corps est solide $dl = 0$, ce qui donne

$$\Sigma \frac{1}{2} mv^2 - \Sigma \frac{1}{2} mv_0^2 = \Sigma \boldsymbol{T}F.$$

C'est-à-dire que dans un corps solide, l'accroissement de puissance vive est égale à la somme des travaux des forces extérieures.

Remarque Dans le mouvement de rotation, en appelant ω la vitesse angulaire commune à tous les points du corps, et r la distance de l'un d'eux à l'axe de rotation, la puissance vive d'un point a pour expression

$$\frac{1}{2}\,mv^2 = \frac{1}{2}\,m\omega^2 r^2,$$

et celle du corps entier

$$\Sigma\,\frac{1}{2}\,m\omega^2 r^2 = \frac{1}{2}\,\omega^2 \Sigma m r^2,$$

en remarquant que $\frac{1}{2}\,\omega^2$ est facteur commun de tous les termes qui composent la somme.

46. *Des centres de gravité.*

On appelle *moment d'une masse* par rapport à un plan le produit de cette masse par sa distance au plan.

Le point situé à une distance du plan, telle que la somme des masses multipliée par cette distance soit égale à la somme des moments des masses élémentaires, s'appelle *centre de gravité* du système.

Soit X la distance du centre de gravité au plan ; elle sera déterminée par la relation

$$X(m' + m'' + m'''\ldots\ldots) = m'x' + m''x'' + m'''x''' + \ldots\ldots$$

d'où l'on tire la valeur de X.

47. *Le centre de gravité de deux masses* se trouve situé sur la droite qui les joint et partage cette droite en deux parties inversement proportionnelles aux masses.

Soit A la distance des masses m' et m''.

Prenons deux plans de coordonnées se coupant suivant la ligne $m'm''$, et un troisième passant en m' et perpendiculaire aux deux premiers.

Le moment de chaque masse sera nul par rapport aux deux premiers plans, puisque ces masses sont situées à la fois dans chacun d'eux ; donc, pour le plan XOZ, $Y(m' + m'')$ sera nul ; ce qui ne saurait être si Y n'est pas nul. De même, $Z = 0$, pour le plan XOY (n° 29).

Le centre de gravité se trouvant donc à la fois dans les deux plans considérés sera situé sur leur intersection.

Pour le troisième plan, on aura

$$X'(m' + m'') = Am'' + 0.$$

Si ce plan passait en m'', on aurait

$$X''(m' + m'') = o + Am';$$

d'où, en divisant membre à membre,

$$\frac{X'}{X''} = \frac{m''}{m'}.$$

Pour un nombre quelconque de masses, on combinerait deux d'entre elles, puis le premier centre avec la troisième masse, et ainsi de suite.

On peut aussi calculer les coordonnées du centre de gravité total, car on a, par définition

$$X\Sigma m = \Sigma mx, \qquad \text{d'où} \qquad X = \frac{\Sigma mx}{\Sigma m};$$

de même

$$Y = \frac{\Sigma my}{\Sigma m} \qquad \text{et} \qquad Z = \frac{\Sigma mZ}{\Sigma m}.$$

Le centre de gravité d'une droite est évidemment en son milieu; le centre de gravité d'un système de droite s'obtient en combinant les centres de gravité partiels, comme on l'a fait pour un système de points matériels.

48. *Centre de gravité d'un arc de cercle.*

Prenons deux axes passant par le centre O, l'un perpendiculaire à la corde AB et l'autre parallèle. Le centre de gravité est évidemment situé sur le rayon de symétrie OY perpendiculaire à la corde AB de l'arc a.

Soit ds un élément de l'arc, on aura par définition du centre de gravité G dont l'ordonnée est Y

$$aY = \int y\,ds.$$

Mais le triangle MOP est semblable au triangle différentiel formé par ds, dx et dy; d'où

$$y.ds = r.dx,$$

en appelant r le rayon de l'arc; on aura donc

$$aY = \int_A^B r\,dx = rC,$$

en appelant C la corde AB. De là

$$Y = r\frac{C}{a}.$$

On voit donc que le centre de gravité d'un arc de cercle est à une distance Y du centre de courbure égale à une quatrième proportionnelle entre l'arc, la corde et le rayon.

49. *Centre de gravité d'un triangle.*

Une tranche élémentaire DD′ aura son centre en son milieu; de même, toutes les tranches parallèles à AC. Donc, le centre de gravité cherché est situé sur la médiane BF.

Le même raisonnement s'applique à la médiane AG; donc le centre cherché est à l'intersection O de deux médianes.

Or, on sait que $FO = \dfrac{1}{3} FB$; donc, le centre de gravité d'un triangle se trouvé situé aux deux tiers d'une médiane, à partir du sommet correspondant.

50. *Centre de gravité d'un trapèze.*

Le centre cherché sera sur la droite EF, qui joint le milieu des bases parallèles; de plus, en menant DB et prenant les centres O′ et O″ des triangles ABD et CBD, le centre cherché sera aussi sur la droite O′O″, il sera donc à l'intersection O des deux lignes EF et O′O″.

On peut obtenir analytiquement la valeur de Y ou de GG′. Soit H la distance de bases parallèles.

On a pour les centres des triangles

$$Y' = \frac{2}{3} H \qquad \text{et} \qquad Y'' = \frac{1}{3} H.$$

En appelant T′ et T″ les surfaces des triangles, on aura, d'après la formule générale $Y = \dfrac{\Sigma my}{\Sigma m}$.

$$Y = \frac{T'\frac{2}{3}H + T''\frac{1}{3}H}{T' + T''} = H\frac{1}{3}\left(\frac{2T' + T''}{T' + T''}\right),$$

ou bien, en appelant B et B′ les bases parallèles

$$T' = B'\frac{H}{2} \quad \text{et} \quad T'' = B''\frac{H}{2};$$

d'où
$$Y = \frac{H}{3}\frac{(2B' + B'')}{B' + B''}.$$

51. *Centre de gravité d'un polygone, d'un secteur circulaire.*

On décompose les polygones en triangles et on combine les centres de gravité partiels.

On décompose de même un secteur circulaire en triangles ayant tous leur sommet au centre du secteur; les centres de gravité partiels se trouvent alors tous sur un arc de cercle décrit avec les $\frac{2}{3}$ du rayon du secteur. On cherche le centre de gravité de cet arc de cercle qui est évidemment celui du secteur.

52. *Centre de gravité de divers solides.*

Le centre de gravité d'un prisme est au milieu de la ligne qui joint les centres de gravité de ses deux bases, car cette ligne renferme tous les centres de gravité des tranches élémentaires parallèles à ces bases.

Le centre de gravité d'une pyramide est à l'intersection des lignes qui joignent les centres de gravité des bases au sommet opposé. On démontre par la géométrie élémentaire que ce centre se trouve placé au quart de la hauteur de la pyramide, à partir de la base.

Pour trouver le centre de gravité d'un solide quelconque, on le décompose en pyramides dont on combine les centres de gravité, comme on l'a vu pour une série de points matériels.

53. *Moments d'inertie, rayons de giration.*

On a vu, n° 45, que la puissance vive d'un corps possédant un mouvement de rotation est exprimée par $\frac{1}{2}\omega^2 \Sigma mr^2$.

Le produit mr^2 de la masse d'un corps par le carré de sa distance à l'axe de rotation s'appelle *moment d'inertie* de la masse.

Nous avons placé la recherche des moments d'inertie des divers corps dans la partie qui traite de la théorie de la résistance des matériaux.

On appelle *rayon de giration* la distance R à l'axe qui satisfait à la relation

$$R^2 \Sigma m = \Sigma mr^2.$$

C'est-à-dire que le moment d'inertie fictif de la masse totale, concentrée à la distance R de l'axe, égale la somme des moments d'inertie des masses élémentaires.

54. Théorème. *Le moment d'inertie d'un corps tournant autour d'un axe quelconque est égal à son moment d'inertie par rapport à un axe passant en son centre de gravité et parallèle au premier augmenté du produit de sa masse par le carré de la distance des deux axes.*

Soit OY l'axe passant par le centre de gravité, soit AB l'autre axe. Prenons pour plan des XOY celui qui contient les deux axes OY et AB.

Soit m une masse élémentaire dont r est la distance à l'axe OY et r' la distance à l'axe AB. Soit K la distance des deux axes, on aura

$$r'^2 = r^2 + K^2 - 2Kr \cos AOm_1.$$

Or $\quad \cos AOm_1 = \dfrac{x}{r}, \quad$ d'où $\quad r'^2 = r^2 + K^2 - 2Kx;$

on en déduit $\quad \Sigma mr'^2 = \Sigma mr^2 + K^2 \Sigma m - 2K \Sigma mx;$

mais on sait que $\quad \Sigma mx = X \Sigma m \quad$ où $\quad X = o,$

puisque, par hypothèse, le centre de gravité est situé sur l'axe OY.

Donc $\qquad\qquad\qquad \Sigma mx = 0.$

Il reste $\qquad\qquad \Sigma mr'^2 = \Sigma mr^2 + K^2 \Sigma m. \qquad\qquad (1)$

C'est ce qu'il fallait démontrer.

Si l'on désigne par R' et R les rayons de giration par rapport aux axes AB et OY, on aura

$$\Sigma mr'^2 = R'^2 \Sigma m \quad\quad \text{et} \quad\quad \Sigma mr^2 = R^2 \Sigma m;$$

d'où
$$R'^2 \Sigma m = R^2 \Sigma m + K^2 \Sigma m,$$

ou bien
$$R'^2 = R^2 + K^2.$$

Donc le rayon de giration autour d'un axe quelconque est égal à la diagonale du rectangle fait sur le rayon de giration autour du centre de gravité et la distance du centre de gravité à l'axe.

En multipliant par ω^2 l'équation (1), on obtient

$$\omega^2 \Sigma m r'^2 = \omega^2 \Sigma m r^2 + \omega^2 K^2 \Sigma m,$$

et, remarquant que $\omega K =$ la vitesse v du centre de gravité, on a

$$\omega^2 \Sigma m r'^2 = \omega^2 \Sigma m r^2 + v^2 \Sigma m,$$

qui représente la puissance vive d'un corps tournant autour d'un axe quelconque.

55. *De l'équilibre d'un point matériel.*

On dit que plusieurs forces agissant sur un point sont en équilibre lorsqu'elles ne modifient en rien le mouvement ou le repos de ce point. Dans ce cas, l'accélération du point est nulle et par suite la résultante

$$R_x = \Sigma F_x = 0;$$

de même
$$R_y = \Sigma F_y = 0 \quad \text{et} \quad R_z = \Sigma F_z = 0.$$

Donc, pour qu'un système de forces F agissant sur un point soit en équilibre, il faut que ces trois équations, dites équations de projection, soient satisfaites.

Réciproquement, si ces équations sont satisfaites, l'équilibre existe; car la résultante R de ces forces, ayant chacune de ses projections nulle, sera nulle aussi et, par suite, le mouvement ou le repos du point m ne sera aucunement modifié.

56. *De l'équilibre d'un corps solide.*

On donne le nom de corps solide à tout système de points matériels liés entre eux d'une manière invariable.

On appelle forces équivalentes, des forces qui, appliquées à un corps solide, produisent pour un même déplacement du mobile un même travail.

Il s'ensuit 1° que deux forces équivalentes P et F ont des projections égales; car pour un mouvement rectiligne parallèle à un axe des x quelconque, on a par définition

$$\Sigma F_x dx = \Sigma P_x dx,$$

d'où
$$\Sigma P_x = \Sigma F_x.$$

2° Deux forces équivalentes ont des moments égaux.

En effet, désignant par $d\omega$ l'angle décrit à l'unité de distance,

on a par définition
$$\Sigma M_x P d\omega = \Sigma M_x F d\omega,$$
d'où
$$\Sigma M_x P = \Sigma M_x F.$$

Lemme. Toutes les forces qui agissent sur un corps solide peuvent toujours se ramener à deux forces équivalentes, dont l'une passe par un point donné.

En effet, imaginons par l'une des forces F' et le point donné O un plan; de même par F″ et O un plan qui coupe le premier suivant OM. Soit B un deuxième point pris quelconque sur OM; décomposons F' en deux r'_1 et s'_2 passant par les points O et B, puis F″ en deux autres r''_1 et s''_2, passant par les mêmes points; construisons les deux résultantes S_1 et R_1 de ces deux systèmes de forces, nous aurons réduit les deux forces F' et F″ à deux, dont l'une R_1 passera par le point donné O. Combinons de même S_1 avec une troisième force F‴, nous obtiendrons un système de deux forces équivalentes, dont l'une passera toujours en O, etc... Dans cette opération le travail n'aura pas changé d'après le n° 41 et le n° 38.

On aura donc enfin deux forces S et R équivalentes aux forces F qui satisferont aux équations

$$\Sigma F_x = S_x + R_x, \quad \text{et} \quad \Sigma M_x F = M_x S + M_x R,$$

et de même pour deux autres axes quelconques des y et des z.

Supposons que cette opération soit faite pour le corps solide dont nous étudions les conditions d'équilibre, et prenons le point O pour origine des coordonnées. Si l'équilibre existe, la vitesse du solide n'aura pas changé quel que soit le temps pendant lequel les forces agiront, par suite l'accroissement de puissance vive sera nul; or cet accroissement est égal à la somme des travaux des

forces, donc
$$\Sigma M_x F d\omega = M_x R d\omega + M_x S d\omega = 0,$$

ou encore $$M_x R + M_x S = 0.$$

Mais $M_x R = 0$, puisque R passe par l'origine; il reste donc

$$M_x S = 0.$$

Cette relation ne peut être vraie que pour $S = 0$, ou lorsque S passe par l'axe des x; or le même raisonnement est applicable aux deux autres axes, donc la force S doit passer par l'origine; on la combinera avec R, et comme la résultante R_1 fera parcourir au mobile un chemin nul si l'équilibre existe, on aura

$$\frac{R_1}{2m} t^2 = 0, \quad \text{d'où} \quad R_1 = 0.$$

De là $\qquad R_{1x} = 0,\; R_{1y} = 0 \quad$ et $\quad R_{1z} = 0;$
mais on sait que $\qquad R_{1x} = \Sigma F_x,$

et de même pour les trois axes, donc : *Lorsqu'un corps solide est en équilibre on a les trois relations de projection*

$$\Sigma F_x = 0; \quad \Sigma F_y = 0; \quad \Sigma F_z = 0.$$

De plus on a vu que $\qquad \Sigma M_x F d\omega = 0,$

d'où l'on déduit *trois relations de moments*

$$\Sigma M_x F = 0; \quad \Sigma M_y F = 0; \quad \Sigma M_z F = 0.$$

Réciproquement si les six conditions énoncées sont satisfaites le corps est en équilibre; en effet, des équations de projection on déduit que les deux forces équivalentes au système sont égales entre elles, parallèles et de sens contraire, de plus si l'on suppose que l'une d'elles passe par l'origine, les équations de moment montrent que les moments de l'autre force, par rapport aux trois axes, sont nuls, donc elle passe aussi par l'origine; on en conclut que les deux forces sont égales et directement opposées, par conséquent se font équilibre.

Ces six équations étant nécessaires et suffisantes pour que l'équilibre existe, elles en *représentent les lois.*

57. *Des couples.*

On appelle couple l'ensemble de deux forces parallèles, égales et de sens contraire situées dans un même plan.

Le moment d'un couple par rapport à un axe perpendiculaire à son plan, est constamment égal à l'une des deux forces multipliée par leur distance.

En effet, soit O l'axe des moments, D la distance des deux forces, la somme de leurs moments sera

$$F(D + x) - Fx = FD.$$

Un couple peut faire équilibre à un autre si leurs plans sont parallèles et si leurs moments sont égaux et de signe contraire.

Soient S et — S, T et — T deux couples; prenons pour plan des xy un plan parallèle à ceux des couples, les six équations d'équilibre seront satisfaites, car on aura évidemment alors

$$S_x - S_x + T_x - T_x = 0,$$

et de même pour les deux autres axes.

Les équations de moments seront évidemment nulles pour les axes des x et des y et pour l'axe des z, on a par hypothèse

$$M_z(S_1 - S) = M_z(T_1 - T);$$

Donc les deux couples se font équilibre.

Deux couples situés dans deux plans non parallèles ne peuvent se faire équilibre, car si par un point I de l'intersection de leurs plans on conçoit que passe dans l'un d'eux l'axe des x, les moments des trois forces R, S, — S qui coupent cet axe sont nuls; mais la quatrième force — R a un moment de valeur déterminée, donc l'équation $\Sigma M_x F = 0$ n'est pas satisfaite.

58. *Tout système de forces peut se ramener à une force unique et à un couple.*

En effet, on sait que les forces F peuvent se ramener à deux équivalentes S et R ; décomposons R en deux dont l'une — S soit parallèle égale, et opposée à S.

L'ensemble des forces F sera ainsi réduit à la force T et au couple S_1 — S.

59. *Équilibre de forces situées dans un même plan.*

Soit le plan des forces pris pour plan des xy.

Par le fait même de cette hypothèse, les deux équations de moments par rapport aux axes des x et des y sont satisfaites ainsi que l'équation de projections sur l'axe des z perpendiculaire aux deux premiers.

Les six équations d'équilibre se réduisent par conséquent aux trois suivantes

$$\Sigma F_x = 0; \quad \Sigma F_y = 0; \quad \Sigma M_z F = 0.$$

Il suffit donc, en ce cas, que la somme des moments des forces, par rapport à un point quelconque du plan soit nulle et que la somme des projections des forces sur deux lignes passant par ce point soit également nulle.

DEUXIÈME PARTIE.

RÉSISTANCE DES MATÉRIAUX.

60. Lorsqu'une ou plusieurs forces croissantes agissent graduellement sur un corps, elles lui font éprouver une déformation croissante qui détermine à l'intérieur du corps des actions ou forces moléculaires croissantes aussi. Lorsque les forces extérieures cessent de croître, il en est de même de la déformation, il y a équilibre entre les forces intérieures et les forces extérieures, le corps résiste. On appelle donc résistance d'un corps les forces moléculaires faisant équilibre aux forces extérieures qui le déforment.

La théorie de la résistance, comme toute science appliquée, est basée sur un certain nombre de faits dont la vérité a été reconnue par une longue suite d'expériences pratiques.

Il y a plusieurs sortes de résistance :

1° *Résistance à la traction;* 2° *à la compression;* 3° *à la flexion;* 4° *à la torsion;* 5° *au cisaillement.*

61. *Résistance à la traction.*

Il résulte d'expériences nombreuses qu'une tige prismatique, soumise à un effort longitudinal qu'on fait croître lentement, s'allonge d'une quantité proportionnelle à cet effort et en raison inverse de sa section.

Soit i l'*allongement proportionnel* $\dfrac{\Delta l}{l}$ ou allongement par unité de longueur primitive.

E le *coefficient d'élasticité*, variable avec chaque nature de corps.

Ω l'aire de la section de la tige.

N l'effort total ou charge normale à la section.

On aura, d'après l'expérience précitée,

$$E_i = \frac{N}{\Omega}.$$

Ce fait cesse d'exister lorsque N atteint certaines valeurs dites *limites d'élasticité*; nous indiquerons plus loin quelles sont ces limites pour chaque nature de corps.

Lorsqu'on supprime l'effort N, une partie de l'allongement subsiste et est appelé pour cette raison *allongement permanent*.

Il est une fraction assez petite de l'allongement total; l'autre partie de l'allongement est dite *allongement élastique*.

Soit R l'effort résistant par unité de section qu'oppose la tige aux forces extérieures, on aura

$$E_i = \frac{N}{\Omega} = R,$$

de sorte que la relation

$$E_i \Omega = N \quad \text{devient} \quad \Omega R = N,$$

et représente la loi de résistance à la traction pour un solide quelconque.

62. *Résistance à la compression.*

L'expérience montre que la loi de résistance à la compression est la même que celle de la résistance à la traction; la même formule est donc applicable, et l'on a

$$\Omega R = N;$$

N étant la force totale de compression perpendiculairement à la section Ω.

63. *Résistance à la flexion.*

Ce mode de résistance diffère essentiellement des autres en ce que les diverses fibres qui composent une même section sont soumises à des efforts différents résultant de la courbure de la pièce.

En effet, lorsque les forces qui sollicitent un solide naturellement prismatique depuis une de ses extrémités jusqu'en une section transversale, ne sont réductibles ni à une force unique passant par le centre de gravité des diverses sections, ni à un couple dont le plan soit perpendiculaire à cette force, l'équilibre ne peut exister si le solide ne se courbe.

L'expérience apprend que dans ce cas tous les éléments matériels composant une section plane et transversale avant la déformation restent dans un même plan normal aux arêtes déformées.

Soit un solide SL, considérons la partie A'A"L sollicitée par des forces extérieures P, situées dans un plan qui divise le solide en deux parties symétriques.

Ce cas est celui qui se présente généralement dans les applications.

Pour que l'équilibre existe, il faut que les forces extérieures P et les forces que reçoit la partie A'A"L, dans le plan A'A", de la part des molécules de l'autre partie satisfassent aux conditions d'équilibre; or, ces dernières forces, appelées forces élastiques, peuvent se décomposer en forces parallèles et en forces perpendiculaires à la section A'A". Si donc on prend pour axes des y et des x deux lignes passant par le centre de gravité de la section A'A", l'une l'axe des y parallèle, l'autre l'axe des x perpendiculaire à cette section : — ΣPy devra être égale à la résultante des forces élastiques parallèles à la section et s'appellera *effort tranchant ou de cisaillement*. — ΣPx devra égaler la résultante des forces élastiques perpendiculaires à la section et s'appellera *force longitudinale;* enfin, la somme des moments des forces élastiques longitudinales autour de l'axe projeté en G, sera égale et opposée à la somme des moments des forces P autour du même axe, et s'appellera *moment fléchissant*, représenté par μ.

Cela posé, supposons que les molécules qui étaient primitivement dans le plan $b'b''$ soient venues se placer dans le plan B'B".

Considérons un élément superficiel, $d\omega$, situé en A; la force élastique normale qui lui correspond est exprimée par

$$E d\omega \frac{\Delta l}{l} = E d\omega \frac{b\mathrm{B}}{\mathrm{A}b}.$$

d'après les expériences relatives à la traction et à la compression.

Cette force est répulsive pour un élément situé au-dessus d'un certain point O où elle est nulle; elle est au contraire attractive pour un élément situé au-dessous de O et est exprimée par

$$\mathrm{E}d\omega \, \frac{n\mathrm{N}}{\mathrm{M}n}.$$

La couche des fibres passant en O est dite couche des fibres neutres.

Soit i l'allongement proportionnel de la fibre passant par le centre de gravité G, qu'on appelle la fibre moyenne.

Soit v la distance GA et V la distance GO.

La similitude des triangles obB et ohH donnera

$$\frac{b\mathrm{B}}{h\mathrm{H}} = \frac{ob}{oh} = \frac{v - \mathrm{V}}{\mathrm{V}};$$

or
$$\mathrm{A}b = \mathrm{G}h,$$

d'où
$$\frac{b\mathrm{B}}{\mathrm{A}b} = \frac{h\mathrm{H}(v - \mathrm{V})}{\mathrm{G}h \quad \mathrm{V}};$$

d'où
$$\mathrm{E}d\omega \, \frac{b\mathrm{B}}{\mathrm{A}b} = \mathrm{E}d\omega \, \frac{(v - \mathrm{V})}{\mathrm{V}} \cdot \frac{h\mathrm{H}}{\mathrm{G}h} = \mathrm{E}d\omega i \, \frac{v - \mathrm{V}}{\mathrm{V}}.$$

En appelant R la pression par unité de surface de la fibre AB, on aura

$$\mathrm{E}d\omega i \, \frac{v - \mathrm{V}}{\mathrm{V}} = \mathrm{R}d\omega;$$

d'où
$$\mathrm{R} = \mathrm{E}i \, \frac{v - \mathrm{V}}{\mathrm{V}}, \qquad (1)$$

équation applicable pour toutes les fibres de la section A'A".

Pour $v < \mathrm{V}$, R est négatif ; c'est une tension.

Le contraire a lieu pour $v > \mathrm{V}$; R est une compression.

Si l'on introduit ces expressions dans les équations d'équilibre, on aura

$$\Sigma \mathrm{P}_x = -\int \mathrm{R}d\omega = \mathrm{E}i \int d\omega - \frac{\mathrm{E}i}{\mathrm{V}} \int v d\omega = \mathrm{E}i\Omega - 0 = \mathrm{N}. \quad (2)$$

En effet, $\int v d\omega$ est nul, G étant le centre de gravité de la section Ω.

On déduira de même des équations d'équilibre la relation

$$\Sigma M_o P = \mu = \int R v \, d\omega = \frac{Ei}{V} \int v^2 \, d\omega - Ei \int d\omega = \frac{EiI}{V} \qquad (3)$$

en représentant par la lettre I le moment d'inertie $\int v^2 d\omega$ de la section autour de l'axe projeté en G.

Des équations (1) (2) (3), on déduit

$$i = \frac{N}{E\Omega}, \qquad V = \frac{IN}{\Omega\mu}, \qquad R = \frac{V\mu}{I} - \frac{N}{\Omega}, \qquad (4)$$

Telles sont les équations qui représentent la loi de la résistance à la flexion.

La considération de l'effort tranchant nous occupera un peu plus loin.

Remarque. — Dans le cas particulier où les forces P ont leur résultante parallèle à l'axe des y, on a

$$\Sigma P_x = N = 0.$$

L'équation (4) devient $R = \dfrac{V\mu}{I}$;

d'où l'on déduit $\mu = \dfrac{RI}{V}$ (4 *bis*)

et $I = \dfrac{V\mu}{R}.$ (4 *ter*)

On peut remarquer que dans ce cas V et i s'annulent, c'est-à-dire que la fibre neutre passe au centre de gravité de la section.

Ce cas se présente presque toujours dans la pratique, les pièces étant horizontales et toutes les forces extérieures verticales.

64. *Résistance à la torsion.*

Lorsqu'un solide prismatique est soumis à l'action de forces extérieures équivalant à un couple situé dans un plan perpendiculaire à ses arêtes, les tranches transversales infiniment minces qui le composent tournent autour de leur centre de gravité en glissant les unes sur les autres sans que la longueur totale du prisme soit sensiblement changée.

Si l'on appelle R' la résistance par unité de section du solide à la torsion, R'$d\omega$ représentera la résistance élémentaire dans chaque section.

L'expérience prouve que cette résistance est à la fois proportionnelle à la distance r de la fibre à l'axe de rotation, ainsi qu'à l'angle de torsion θ par unité de longueur de la pièce.

On appelle ainsi l'angle que deux rayons primitivement parallèles, situés dans deux sections distantes d'un mètre, font entre eux après la déformation du prisme.

En appelant G le coefficient de proportionnalité, on a

$$R'd\omega = G\theta r d\omega.$$

Soit l'axe de rotation du prisme pris pour axe des x; on a, pour que l'équilibre existe entre les forces extérieures et les résistances moléculaires, l'équation de moments

$$\Sigma M_x P = G\theta \int r^2 d\omega,$$

ou bien en remplaçant $G\theta$ par sa valeur en fonction de R';

$$R' \int r^2 d\omega = r \Sigma M_x P.$$

Soit I_1, le moment d'inertie $\int r^2 d\omega$ de la section, par rapport à l'axe x, on a

$$\Sigma M_x P = G\theta I_1 \quad \text{et} \quad R I_1 = r \Sigma M_x P.$$

Telles sont les équations qui représentent les lois de la résistance à la torsion.

Remarque. — L'axe de rotation passe par les centres de gravité des diverses sections.

En effet, $\int R' d\omega$ devant faire équilibre à un couple, sa projection sur un axe quelconque passant par le centre de rotation devra être nulle.

Il en sera de même de son égale

$$G\theta \int r d\omega;$$

donc on aura $\qquad G\theta . \int r\,sm\,(r, \omega)\,dx = 0.$

Ce qui ne saurait être que si l'axe de rotation passe par le centre de gravité.

65. *Résistance au cisaillement.*

On appelle ainsi l'effort qu'opposent les diverses molécules d'une pièce à l'action des forces parallèles à ses sections transversales.

L'expérience démontre que cette résistance est, comme les résistances à la traction et à la compression, représentée par la relation

$$\Omega R'' = T$$

en appelant T l'effort parallèle à la section Ω et R'' la résistance au cisaillement par unité de section.

66. *Forme générale des formules de résistance.*

On peut remarquer que toutes les formules de résistance sont des relations entre les forces extérieures, les aires des sections des pièces et les moments d'inertie de ces sections, c'est-à-dire leur forme. Ces trois quantités sont toujours entre elles dans certains rapports exprimés par les coefficients E, G, etc...

Nous sommes donc conduits à étudier successivement les parties suivantes :

1° Détermination des coefficients ;

2° Décomposition des forces extérieures dans les différents cas des applications;

3° Détermination des sections des pièces et de leur forme.

67. *Des coefficients de résistance du fer à la traction et à la compression.*

L'expérience prouve que lorsqu'on soumet une tige de fer à un effort de traction, l'allongement permanent est un centième de l'allongement total jusqu'à la charge d'environ 13 à 15 kilog. par millimètre carré de section. Au delà et jusqu'à 30 à 36 kilog., suivant la nature du fer, l'allongement permanent varie irrégulièrement et devient plus sensible; mais l'autre partie de l'allongement continue à rester proportionnelle à l'effort de traction, de sorte que jusqu'à la limite de 30 à 36 kilog., la formule $R\Omega = N$ est applicable.

Au delà de 36 kilog. la tige se rompt.

Les tiges de fer soumises à la compression supportent les mêmes efforts, si l'on prend les dispositions nécessaires pour les empêcher de fléchir.

Dans les constructions, on ne doit pas dépasser le sixième de la charge de rupture, afin de tenir compte des défectuosités de fabrication et de l'insuffisance des théories relatives à la détermination des forces en certains cas particuliers.

Il est du reste toujours utile de faire des expériences directes sur les matériaux que l'on emploie ; en général, on peut, en pratique, adopter les chiffres du tableau suivant pour la résistance R par mètre carré et pour le coefficient d'élasticité E.

	R	E
Fer en très-grosses barres........	4 000 000	14 000 000 000
Fer en barres moyennes..........	6 000 000	16 000 000 000
Petit fer forgé...................	10 000 000	20 000 000 000
Fil de fer étiré de moins de 0,0005 de diamètre...................	15 000 000	15 000 000 000
Tôle dans le sens du laminage.....	7 000 000	13 000 000 000
Tôle perpendiculairement au laminage...........................	6 000 000	12 000 000 000
Acier fondu.....................	16 000 000	30 000 000 000
Acier ordinaire..................	12 000 000	21 000 000 000

En général, les fers au bois résistent mieux que les fers au charbon ; le fer chaud présente une ténacité moindre que le fer froid. Ainsi à 300° la ténacité est diminuée de un dixième, à 500° de trois dixièmes, et à 600° elle est réduite de moitié.

Dans les cas de compression des tiges un peu longues, il se produit une flexion dont les théories ne peuvent tenir rigoureusement compte, ce qui conduit à prendre pour coefficients les valeurs du tableau précédent, divisées par un certain nombre K.

Lorsque la plus petite dimension en largeur du polygone circonscrit à la section de la pièce est à la longueur de celle-ci :

Dans un rapport plus petit que...	10	15	20	25	30	35	42	46	50
On doit prendre K égal à........	1	1,2	1,6	2	2,8	4	6	8	10

68. *De la fonte à la traction et à la compression.*

Jusqu'à la charge de 10 à 12 kilog. par millimètre carré, les allongements permanents sont négligeables, et jusqu'à 20 à 24 kil., les allongements totaux sont proportionnels aux charges.

La valeur moyenne de E est entre ces limites égale à 9×10^9.

Jusqu'à la charge de 14 à 18 kilog. les raccourcissements permanents sont négligeables, et jusqu'à 36 à 40 kilog. les raccourcissements totaux sont proportionnels aux charges.

La nature de la fonte étant essentiellement variable, on conçoit que ces coefficients ne représentent que des moyennes d'expérience et les coefficients pratiques à adopter doivent varier beaucoup suivant la fonte que l'on emploie.

Un long recuit diminue la résistance des fontes. Les fontes grises résistent mieux aux chocs et à la traction que les fontes blanches; celles-ci résistent mieux, au contraire, à la compression. Il en résulte que l'*on peut admettre en pratique les valeurs de* R *données aux tableaux suivants.*

	FONTES BLANCHES.	FONTES GRISES.
Pour les ponts...................	2 000 000	3 000 000
Arbres de roues hydrauliques.....	3 000 000	4 000 000
Pièces ordinaires de machines....	7 000 000	8 000 000
Simples supports peu élevés......	10 000 000	8 000 000

Pour les *colonnes servant de support*, le coefficient de résistance varie avec la hauteur et le diamètre de la colonne.

Le tableau suivant comprend les moyennes de nombreuses expériences faites en France et en Angleterre, la première ligne horizontale représente les diverses valeurs de R, la première ligne verticale représente les diamètres des colonnes, les autres chiffres du tableau représentent les hauteurs des colonnes.

	1 000 000	2 000 000	3 000 000	4 000 000	5 000 000	6 000 000	7 000 000	8 000 000
0,05	3,20	2,20	»	»	»	»	»	»
0,10	4,00	3,00	2,00	»	»	»	»	»
0,15	5,00	4,00	3,00	2,00	»	»	»	»
0,20	6,00	5,30	4,30	3,30	2,30	»	»	»
0,35	8,30	7,00	6,00	5,00	4,00	3,00	2,00	»
0,30	10,00	9,00	8,00	7,00	6,00	5,00	4,00	3,00

En appelant Ω la section d'une colonne pleine en décimètres carrés,

R la pression en kilogrammes par millimètre carré,

h la hauteur de la colonne en mètres,

la relation
$$R = 4 + \Omega - h \qquad (1)$$

représente les résultats du tableau précédent.

De plus P représentant le nombre de dix mille kilogrammes que doit supporter la colonne, on aura évidemment

$$P = \Omega R.$$

De ces deux relations on déduit en éliminant R

$$\Omega = \frac{h - 4}{2} + \sqrt{\left(\frac{h - 4}{2}\right)^2 + P}.$$

Relation qui détermine la section d'une colonne pleine.
On en déduit le diamètre

$$D = \sqrt{\frac{4\Omega}{\pi}}.$$

Pour les colonnes creuses, l'art du fondeur impose

Pour les diamètres....	0,05	0,10	0,15	0,20	0,25	0,30
La limite d'épaisseur...	0,003	0,005	0,008	0,010	0,013	0,016

En appelant Ω' la section intérieure d'une colonne creuse, les résultats de ce tableau sont représentés par la relation

$$\Omega - \Omega' \lessgtr 0,2\,\Omega.$$

On a de plus en ce cas

$$PR = \Omega - \Omega' ; \qquad (2)$$

ces deux relations combinées avec la relation (1) qui subsiste encore donnent

$$\Omega \gtrless \frac{h-4}{2} + \sqrt{\left(\frac{h-4}{2}\right)^2 + 5P}, \text{ par suite } D = \sqrt{\frac{4\Omega}{\pi}}.$$

Si l'on prend pour diamètre extérieur celui qui correspond à la section Ω telle que l'inégalité précédente devienne une égalité, il est évident que le calcul de l'épaisseur à donner à la colonne conduira au minimum de celles que l'on peut pratiquement couler. Les équations (1) et (2) combinées donneront en éliminant R

$$\Omega' = \Omega - \frac{P}{4 + \Omega - h},$$

d'où l'on déduira le diamètre $D' = \sqrt{\dfrac{4\Omega'}{\pi}}$ et par suite l'épaisseur

$$e = \frac{D - D'}{2}.$$

69. *Des divers métaux à la traction et à la compression.*

Tous les métaux qui s'obtiennent par voie de fusion offrent une égale résistance à la traction et à la compression.

Le tableau suivant donne les valeurs pratiques de ces résistances.

	R	E
Fil de cuivre non recuit..........	8 000 000	10 000 000 000
Cuivre battu..................	5 000 000	10 000 000 000
Cuivre fondu..................	3 000 000	10 000 000 000
Zinc.........................	1 000 000	10 000 000 000
Plomb.......................	500 000	5 000 000 000

De même que le fer, le cuivre diminue de résistance lorsqu'il

est chauffé à................	100°	150°	200°	250°	300°	400°	500°
la diminution de ténacité est de	0,05	0,10	0,15	0,20	0,26	0,40	0,60

70. *Du bois à la traction et à la compression.*

Le tableau suivant indique les valeurs applicables de R et de E pour la résistance des bois à la traction.

	R	E
Chêne	$(60 \text{ à } 80) \times 10^4$	1.000.000 000
Sapin rouge...............	$(80 \text{ à } 90) \times 10^4$	1 300 000 000
Sapin blanc..............	$(50 \text{ à } 70) \times 10^4$	1 500 000 000
Pin résineux.............	$(80 \text{ à } 90) \times 10^4$	800 000 000
Pin jaune...............	$(50 \text{ à } 70) \times 10^4$	700 000 000

La résistance des bois à la compression est la même que la résistance à la traction lorsque les pièces comprimées ont une longueur plus petite que dix fois le plus petit côté de leur base.

De même que pour le fer, la résistance diminue à mesure que la longueur de la pièce augmente. Les valeurs de R données au tableau précédent doivent donc être divisées par un certain nombre K; lorsque le rapport de la hauteur de la pièce au plus petit côté de la base est plus petit que

	10	15	20	25	30	35	40	45	50	60	70
K =	1	1,2	1,5	1,9	2,4	3,1	4	5	6,8	12	18

Les pilotis de fondation étant bien maintenus dans un sol résistant peuvent supporter pratiquement 50 à 60 kil. par centimètre carré, d'où R = 550,000 en moyenne.

71. *Des maçonneries à la compression.*

Les maçonneries n'ayant jamais à résister à la traction à cause du peu d'adhérence des mortiers qui les relient, nous donnerons seulement le tableau des résistances pratiques à la compression par mètre carré des différentes espèces de pierres, de briques et de mortiers.

		R		
Granits et grès durs.....	de	500 000	à	2 000 000
Calcaires durs, marbres..		200 000	à	500 000
Pierre de taille dure.....		150 000	à	250 000
Pierre de taille tendre....		50 000	à	150 000
Moellons durs..........		30 000	à	50 000
Moellons tendres.........		10 000	à	30 000
Briques très-cuites.......		80 000	à	150 000
Briques rouges		40 000	à	80 000
Plâtre..................		40 000	à	60 000
Mortier ordinaire........		30 000	à	40 000

72. *Des coefficients de résistance à la torsion.*

La moyenne de nombreuses expériences donne les valeurs indiquées au tableau suivant pour le coefficient G applicable par mètre carré de section.

Acier fondu...	10 000 000	Cuivre........	4 300 000
Fer..........	6 000 000	Bronze.......	1 000 000
Fonte........	2 000 000	Chêne	400 000

73. *Des coefficients de résistance au cisaillement.*

Pour les corps à texture grenue la résistance au cisaillement est la même que la résistance à la traction et à la compression; mais pour les corps fibreux, il n'en est plus ainsi.

Pour les bois, la résistance pratique par mètre carré dans le sens perpendiculaire aux fibres peut être prise

de. . . . 150000   pour le chêne
de. . . : 130000   pour le sapin.

74. *Détermination des forces extérieures aux pièces.*

Ces forces sont généralement de deux sortes; ce sont des poids qui agissent directement sur les pièces et ne peuvent les maintenir en équilibre qu'autant qu'il se manifeste d'autres forces extérieures dites réactions et provenant des points d'appui. Les premières de ces forces sont généralement faciles à déterminer. S'il s'agit par exemple du poids d'un pont, on en cube les diverses pièces composantes et l'on multiplie le volume par la densité correspondante.

Il arrive cependant quelquefois qu'on ne peut que faire des hypothèses plus ou moins exactes sur l'évaluation de ces forces; ce cas se présente lorsque le poids propre de la pièce dont on se propose de déterminer les dimensions est une fraction notable du poids de la construction.

On procède alors par fausse position, c'est-à-dire, qu'après avoir supposé *à priori* à la pièce un poids de N kilog. par exemple, on en calcule les dimensions, on en déduit le poids et l'on vérifie l'hypothèse primitive; si le poids supposé s'éloigne notablement du poids calculé, on recommence le calcul avec une nouvelle hypothèse résultant du poids calculé.

Généralement deux tâtonnements suffisent. C'est en ce cas qu'il est très-utile de se renseigner sur les constructions analogues déjà existantes.

Quant aux réactions des appuis la mécanique statique permet seule dans certains cas de les déterminer.

Il en est d'autres où l'on ne peut déterminer ces réactions qu'au moyen de considérations analytiques qui vont nous occuper tout d'abord.

75. *De la courbure des pièces* (*fig.* 63).

Soit une pièce primitivement droite soumise à l'action de forces extérieures qui la fléchissent.

Les sections infiniment voisines A″A′ et B″B′ peuvent être considérées comme normales à la fibre moyenne GH et déterminent par conséquent le centre de courbure C. Or les triangles GCH et $h o$H sont semblables et donnent l'égalité de rapports

$$\frac{GC}{GH} = \frac{ho}{h\mathrm{H}};$$

or $GC = \rho =$ le rayon de courbure;

de plus $\dfrac{h\mathrm{H}}{GH} = i$ et $ho = V,$

d'où l'on conclut $\rho = \dfrac{V}{i},$

ou bien d'après la relation (3) n° 63

$$\rho = \frac{EI}{\mu} = \frac{\varepsilon}{\mu},$$

en représentant le produit EI par la lettre ε.

Soit $y = f(x)$ l'équation que représente la fibre moyenne GL après la flexion.

On a d'après le n° 28

$$\rho = \frac{1}{y''} = \frac{1}{f''(x)}.$$

En remplaçant ρ par cette valeur, on aura

$$\frac{1}{f''(x)} = \frac{\varepsilon}{\mu} \quad \text{d'où} \quad \varepsilon f''(x) = \mu,$$

on en déduit

$$\varepsilon f'(x) = \int \mu$$

et

$$\varepsilon y = \int \int \mu.$$

Ces trois relations sont, comme on le verra, d'un fréquent usage dans la détermination des réactions des appuis.

76. *Pièce encastrée à une extrémité, libre à l'autre.*

On dit qu'une pièce est encastrée en un point lorsqu'en ce point elle est assujettie à rester dans une direction déterminée, quelles que soient les forces qui tendent à la fléchir.

Soit AM_2 la fibre moyenne d'une pièce encastrée en M_0, soient P_1 et P_2 des forces perpendiculaires à la fibre moyenne avant sa déformation et appliquées aux points M_1 et M_2. Soit enfin un poids p, uniformément réparti par mètre de longueur de la pièce.

Appelons l et a les distances des points M_1 et M_2 au point M_0 d'encastrement.

Rapportons la courbe $M_0 M_2$ à deux axes, l'un des x dans la direction de l'encastrement, l'autre des y perpendiculaire au premier.

Considérons la partie de la pièce comprise entre M_0 et M_2; déterminons :

1° *Les efforts tranchants.*

On a vu n° 63 que l'effort tranchant en un point quelconque

d'une pièce, est égal à la somme des projections sur l'axe M_0Y de toutes les forces extérieures depuis ce point jusqu'à l'une des extrémités de la pièce.

Donc si l'on appelle F cet effort tranchant, on aura pour un point quelconque situé entre M_0 et M_1

$$F = P_1 + P_2 + p(a - x) \qquad (1)$$

et pour un point entre M_1 et M_2

$$F = P_2 + p(a - x) \qquad (2)$$

2ª *Les moments fléchissants.*

Pour un point entre M_0 et M_1 la mécanique donne

$$\mu = P_1(l - x) + P_2(a - x) + \frac{1}{2}\, p(a - x)^2 \qquad (3)$$

et pour un point entre M_1 et M_2

$$\mu = P_2(a - x) + \frac{1}{2}\, p(a - x)^2. \qquad (4)$$

3° *L'inclinaison de la fibre moyenne.*

Soit α cette inclinaison. On sait, n° 75, que $\mu = \varepsilon f''(x)$.

On aura donc pour un point situé entre M_0 et M_1

$$\varepsilon f''(x) = \frac{1}{2}\, p(a^2 - 2ax + x^2) + P_1(l - x) + P_2(a - x),$$

en multipliant par dx et intégrant entre les limites α_0 et $f'(x)$ on a pour la partie $M_0 M_1$ d'après le n° 23

$$\varepsilon(f'(x) - \alpha_0) = \frac{1}{2}p\left(a^2 x - ax^2 + \frac{x^3}{3}\right) + P_1\left(lx - \frac{x^2}{2}\right) + P_2\left(ax - \frac{x^2}{2}\right) \quad (5)$$

et pour la partie $M_1 M_2$ on a

$$\varepsilon f''_1(x) = \frac{1}{2}\, p(a^2 - 2ax + x^2) + P_2(a - x),$$

en multipliant par dx et intégrant

$$\varepsilon(f'_1(x) - \alpha_1) = \frac{1}{2}p\left(a^2 x - ax^2 + \frac{x^3}{3}\right) + P_2\left(ax - \frac{x^2}{2}\right). \quad (A)$$

Or si dans l'équation (5) on fait $x = l$, on a

$$f'(x) = \alpha_1,$$

car en M_1 la tangente α_1 est commune aux deux parties de la pièce, d'où il résulte

$$\varepsilon(\alpha_1 - \alpha_0) = \frac{1}{2} p \left(a^2 l - a l^2 + \frac{l^3}{3} \right) + P_1 \left(l^2 - \frac{l^2}{2} \right) + P_2 \left(a l - \frac{l^2}{2} \right)$$

en remplaçant dans (A), α_1 par la valeur déduite de cette équation, on a

$$\varepsilon(f'_1(x) - \alpha_0) = \frac{1}{2} p \left(a^2 x - a x^2 + \frac{x^3}{3} \right) + P_1 \frac{l^2}{2} + P_2 \left(a x - \frac{x^2}{2} \right). \quad (6)$$

On a pu remarquer que dans les intégrations précédentes les constantes sont nulles, car pour $x = 0$ le premier membre de chaque équation étant nul, il doit en être de même du second.

4? *Les ordonnées de la fibre moyenne.*

En intégrant les deux équations (5) et (6) et remarquant qu'au point M_1 les ordonnées y de la fibre moyenne sont égales pour les deux parties $M_0 M_1$ et $M_1 M_2$ de la pièce, on a

$$(7) \quad \varepsilon(y - \alpha_0 x) = \frac{1}{2} p \left(\frac{a^2 x^2}{2} - \frac{a x^3}{3} + \frac{x^4}{12} \right) + P_1 \left(l \frac{x^2}{2} - \frac{x^3}{6} \right) + P_2 \left(\frac{a x^2}{2} - \frac{x^3}{6} \right)$$

$$(8) \quad \varepsilon(y_1 - \alpha_0 x) = \frac{1}{2} p \left(\frac{a^2 x^2}{2} - \frac{a x^3}{3} + \frac{x^4}{12} \right) + P_1 \left(\frac{l^2 x}{2} - \frac{l^3}{6} \right) + P_2 \left(\frac{a x^2}{2} - \frac{x^3}{6} \right)$$

76 *bis. Cas particulier. — Un poids uniformément réparti, plus un poids à l'extrémité de la pièce.*

On a $P_1 = 0$, soit l'encastrement parallèle à l'axe des x, on aura

$$\alpha_0 = 0.$$

D'après (3) $\qquad \mu = \frac{1}{2} p(a - x)^2 + P(a - x)$

dont le maximum correspond à $x = 0$ c'est-à-dire au point d'encastrement; pour ce point on a

$$\mu_0 = \frac{1}{2} p a^2 + P a = \left(\frac{1}{2} p a + P \right) a.$$

Or pa est la charge totale uniformément répartie; on voit donc que cette charge influe sur le moment des forces à l'encastrement moitié moins qu'une charge appliquée à l'extrémité de la pièce.

L'ordonnée de la fibre moyenne est d'après (7)

$$y = \frac{1}{\varepsilon}\left[\frac{1}{2}\,p\left(\frac{a^2x^2}{2} - \frac{ax^3}{3} + \frac{x^4}{12}\right) + P_2\left(\frac{ax^2}{2} - \frac{x^3}{6}\right)\right],$$

dont le maximum correspond à $x = a$. On a pour ce point

$$y = \frac{1}{\varepsilon}\left[\frac{3}{24}\,pa^4 + \frac{1}{3}\,P_2 a^3\right] = \frac{a^3}{\varepsilon}\left[\frac{1}{8}\,pa + \frac{1}{3}\,P_2\right].$$

On voit que la charge pa, uniformément répartie, influe sur la flèche y comme les $\dfrac{3}{8}$ d'une charge P_2 à l'extrémité de la pièce.

76 *ter*. *Cas particulier. Un poids uniformément réparti.*

Les formules qui donnent μ et de y sont celles du numéro précédent, en y faisant $P_2 = 0$ et l'on a pour maximum des moments

$$\mu = \frac{1}{2}\,pa^2,$$

et pour flèche à l'extrémité de la pièce

$$y = \frac{a^3}{\varepsilon}\left(\frac{1}{8}\,pa\right).$$

77. *Pièce reposant librement sur deux appuis extrêmes.*

Un poids P_1 est situé en M_1; un poids pa est uniformément réparti sur toute la pièce.

En appelant F l'effort tranchant en A ou réaction de l'appui, l'équilibre statique donne lieu à la relation des moments autour du point A'

$$Fa = P_1 l' + \frac{pa^2}{2} \quad \text{ou} \quad F = P_1\frac{l'}{a} + \frac{1}{2}\,pa,$$

on a de même

$$F' = P_1\frac{l}{a} + \frac{1}{2}\,pa.$$

Ces réactions F et F′ étant connues, on en déduit le moment fléchissant

$$\mu = \left(\mathrm{P}\,\frac{l'}{a} + \frac{1}{2}\,pa \right) x - \frac{1}{2}\,px^2,$$

pour un point quelconque M de la pièce entre A et M_1, de même

$$\mu_1 = \left(\mathrm{P}\,\frac{l}{a} + \frac{1}{2}\,pa \right) (a - x) - \frac{1}{2}\,p\,(a - x)^2,$$

entre M_1 et A′.

77 *bis. Cas particulier. Un poids au milieu de la pièce plus un poids uniformément réparti.*

Les réactions des appuis sont égales entre elles, et l'on a

$$\mathrm{F} = \frac{1}{2}\,\mathrm{P}_1 + \frac{1}{2}\,pa.$$

Ce moment fléchissant μ est un maximum au milieu de la pièce, et a pour expression en ce point

$$\mu = \frac{1}{4}\,\mathrm{P}_1 a + \frac{1}{8}\,pa^2.$$

L'ordonnée de la courbe en ce point est aussi un maximum, en désignant par f cette flèche, on a

$$f = \frac{a^3}{48\varepsilon} \left(\mathrm{P}_1 + \frac{5}{8}\,pa \right).$$

Cette dernière formule se déduit de l'équation (7) du n° 76, en y faisant

$$l = \frac{a}{2}; \quad x = \frac{a}{2}; \quad \mathrm{P}_2 = -\,\mathrm{F} = \frac{1}{2}\,\mathrm{P}_1 + \frac{1}{2}\,pa.$$

Quant à la valeur de α_0 qui entre aussi dans cette formule, elle se déduit de la formule (5) n° 76, en y faisant

$$f'(x) = 0.$$

En effet, la tangente au milieu de la pièce est en ce cas horizontale.

77 *ter. Cas particulier. Un poids uniformément réparti.*

Les formules relatives à ce cas se déduisent de celles qui précèdent, en y faisant $P = 0$.

Le moment fléchissant est encore maximum au milieu, et a pour expression

$$\mu = \frac{1}{8}\,pa^2.$$

La flèche est exprimée en ce cas par

$$f = \frac{5}{384}\left(\frac{pa^4}{\varepsilon}\right).$$

78. *Pièce encastrée à une extrémité et reposant à l'autre sur un appui.*

Un poids P est situé en M_1; un poids pa est uniformément réparti; la réaction de l'appui agit comme une force P_2 en sens contraire de P.

Les formules du n° 76 dans lesquelles on fera

$$P_2 = -F; \quad P_1 = P; \quad \text{et} \quad \alpha_0 = 0;$$

seront donc applicables et donneront

$$F = \frac{l^2(3a - l)}{2a^3}\,P + \frac{3}{8}\,pa,$$

$$\mu = P(l - x) - F(a - x) + \frac{1}{2}\,p(a - x)_2,$$

pour un point entre M_0 et M_1, enfin

$$\mu = \frac{1}{2}\,p(a - x)^2 - F(a - x),$$

pour un point entre M_1 et M_2.

On peut remarquer que pour un certain point de la pièce, la valeur de μ sera nulle; car l'équation renferme un terme négatif qui, pour une valeur déterminée de x, sera égal à la somme des termes positifs.

78 *bis. Cas particulier. Un poids uniformément réparti.*

P devient nul et l'on déduit des relations précédentes

$$F = \frac{3}{8}\, pa,$$

$$\mu = \frac{1}{2}\, pa(a - x)\left(\frac{1}{4}\, a - x\right).$$

Cette dernière équation donne $\mu = 0$ pour les valeurs

$$x = a, \quad \text{et} \quad x = \frac{1}{4}\, a.$$

Ce dernier point, situé au quart de la longueur de la pièce, est un point d'inflexion ou de non-flexion. En égalant à 0 la dérivée première de la fonction μ, on aura la valeur de x qui correspond au maximum de μ.

On a
$$-\frac{1}{4}\, a + x - a + x = 0,$$

d'où
$$x = \frac{5}{8}\, a,$$

ce qui donne
$$\mu = \frac{9}{128}\, pa^2,$$

pour maximum de μ.

De M_0 au point d'inflexion $\left(x = \frac{1}{4}\,a\right)$, la plus grande valeur de μ correspond à l'encastrement, ou

$$\mu_0 = \frac{1}{8}\, pa^2 = \frac{16}{128}\, pa^2.$$

On voit qu'en ce point le moment fléchissant surpasse de près de moitié le maximum relatif situé aux $\frac{5}{8}$ de la portée de la pièce.

79. *Pièce encastrée à ses deux extrémités.*

Un poids P est situé en M_1 ; un poids pa uniformément réparti. Ce cas ne peut se ramener directement aux cas précédents, en ce sens qu'au point M_2 l'hypothèse d'encastrement nécessite l'action de forces moléculaires intérieures, décomposables comme on l'a vu en effort tranchant F_2, et en un couple longitudinal dont nous représenterons le moment par μ_2.

En projetant toutes les forces sur un axe vertical, on a pour que l'équilibre existe

$$F_2 + F_0 = P + pa, \qquad (1)$$

de même les moments des forces extérieures, par rapport à un axe passant en M_0, donnent la relation

$$\mu_2 - \mu_0 + Pl_1 + \frac{1}{2} pa^2 = F_2 a; \qquad (2)$$

car le moment μ_2 d'un couple conserve la même valeur pour tout axe perpendiculaire à son plan (n° 57).

Pour obtenir les valeurs des quatre inconnues F_0, F_2, μ_0, μ_2, il faut établir encore entre ces quantités deux relations.

Pour cela, cherchons l'expression des tangentes α à la fibre moyenne de la pièce, puis égalons à O leurs valeurs pour les points M_0 et M_2.

Pour la partie $M_0 M_1$ on a

$$\varepsilon\mu = \varepsilon f''(x) = \frac{1}{2} p(a-x)^2 + P(l_1-x) - F_2(a-x) + \mu_2$$

en intégrant

$$\varepsilon\alpha = \varepsilon f'(x) = \frac{1}{2} p\left(a^2x - ax^2 + \frac{x^3}{3}\right) + P\left(l_1 x - \frac{x^2}{2}\right) - F_2\left(ax - \frac{x^2}{2}\right) + \mu_2 x,$$

intégrant encore

$$\varepsilon y = \varepsilon f(x) = \frac{1}{2} p\left(\frac{a^2 x^2}{2} - \frac{ax^3}{3} + \frac{x^4}{12}\right) + P\left(\frac{lx^2}{2} - \frac{x^3}{6}\right) - F_2\left(\frac{ax^2}{2} - \frac{x^3}{6}\right) + \mu_2 \frac{x^2}{2}.$$

On peut remarquer qu'à chaque intégration les constantes sont nulles parce que, pour $x=0$, les quantités $\varepsilon\alpha$ et εy doivent s'annuler.

On aura de même pour un point entre M_1 et M_2 eu égard à la tangente commune au point M_1,

$$\varepsilon f_1''(x) = \frac{1}{2} p(a-x)^2 - F_2(a-x) + \mu_2$$

$$\varepsilon f_1'(x) = \frac{1}{2} p\left(a^2x - ax^2 + \frac{x^3}{3}\right) + Pl_1^2 - F_2\left(ax - \frac{x^2}{2}\right) + \mu_2 x \qquad (A)$$

$$\varepsilon y_1 = \frac{1}{2} p\left(\frac{a^2 x^2}{2} - \frac{ax^3}{3} + \frac{x^4}{12}\right) + P\frac{l_1^2 x}{2} - P\frac{l_1^3}{6} - F_2\left(\frac{ax^2}{2} - \frac{x^3}{6}\right) + \mu_2 \frac{x^2}{2}. \qquad (B)$$

Si dans (A) et dans (B) on fait pour $x = a$

$$f'_1(x) = 0 \quad \text{et} \quad y = 0;$$

on a
$$0 = \frac{1}{6} pa^3 + P\frac{l_1^2}{2} - F_2\frac{a^2}{2} + \mu_2 a, \qquad (1)$$

et
$$0 = \frac{1}{8} pa^4 + P\frac{l_1^2}{2}\left(a - \frac{l_1}{3}\right) - F_2\frac{a^3}{3} + \mu_2\frac{a^2}{2}, \qquad (4)$$

équations qui ne renferment que deux inconnues, F_2 et μ_2.
On en tire

$$F_2 = \frac{pa}{2} + P\left(\frac{3l^2}{a^2} - \frac{2l^3}{a^3}\right) \quad \text{et} \quad \mu_2 = \frac{1}{12} pa^2 + P\left(\frac{l^2}{a} - \frac{l^3}{a^2}\right)^2.$$

En remplaçant dans (1) et dans (2) F_2 et μ_2 tirées de ces dernières relations, on aura les valeurs des inclinaisons α et des ordonnées y de tous les points de la fibre moyenne.

79 bis. *Cas particulier; un poids uniformément réparti.*
Les formules précédentes deviennent alors

$$F_2 = \frac{1}{2} pa, \qquad \text{et} \qquad \mu_2 = \frac{1}{12} pa^2.$$

L'expression de μ, pour un point quelconque, est alors

$$\mu = \frac{1}{2} p\left(\frac{1}{6} a^2 - ax + x^2\right),$$

dont le maximum correspond à $x = \frac{a}{2}$ au milieu de la pièce, et la valeur de μ est alors

$$\mu = -\frac{1}{24} pa^2,$$

moitié du moment fléchissant aux encastrements.
Le point d'inflexion correspond à la dérivée première de μ ou $d\mu = 0$, d'où l'on déduit

$$x = \frac{1}{2} a\left(1 - \sqrt{\frac{1}{3}}\right) = 0{,}211\, a.$$

Au milieu de la pièce l'expression de l'ordonnée y devient

$$y = \frac{1}{\varepsilon}\frac{1}{24} p \left(\frac{a}{2}\right)^4 = \frac{1}{384}\frac{pa^4}{\varepsilon}.$$

On voit que cette flèche est cinq fois plus faible que dans le cas où la pièce repose simplement sur deux appuis.

80. *Pièces reposant sur un nombre quelconque d'appuis.*

Soit le cas général d'un nombre quelconque d'appuis.

Nous en déduirons ensuite les formules applicables aux cas particuliers qui se présentent le plus souvent en pratique.

Soient $p_1\, p_2\, p_3\, \ldots\ldots$ les poids par mètre de longueur répartis sur les travées $l_1\, l_2\, l_3\, \ldots\ldots$ et agissant de haut en bas. Soient à déterminer les réactions des appuis $Q_0\, Q_1\, Q_2\, Q_3\, \ldots\ldots$ agissant de bas en haut sur la pièce. Nous compterons comme positifs les efforts s'exerçant de haut en bas, et comme négatifs, ceux qui s'exercent en sens contraire.

Occupons-nous *des efforts tranchants.*

En un point M quelconque de la première travée l'effort tranchant est égal à la projection sur un axe vertical des forces extérieures agissant depuis l'extrémité de cette travée jusqu'au point M, et l'on a

$$px - Q_0 + F = 0, \quad \text{d'où} \quad F = Q_0 - px.$$

On peut remarquer que pour l'extrémité de la pièce où $x = 0$, cet effort tranchant F_0 est égal à la réaction Q_0 de l'appui. De plus, cet effort croît d'une quantité infiniment petite, pdx, entre deux points infiniment voisins x et $x + dx$, situés dans une même travée; il n'en est plus de même pour deux points infiniment voisins situés, l'un à droite, l'autre à gauche d'un appui. En effet, pour le point M'_1 l'équation précédente donne

$$F_1 = -p_1 l_1 + Q_0, \quad \text{d'où} \quad F'_1 = -F_1 = p_1 l_1 - Q_0,$$

tandis que pour le point M_1 la réaction Q_0 intervient, et l'on a

$$-F_1 = p_1 l_1 - Q_0 - Q_1, \quad \text{d'où} \quad Q_0 - F_1 = p_1 l_1 - Q_1.$$

Il en est de même pour les efforts tranchants de toutes les sections faites immédiatement après les appuis, et l'on a, en augmentant les indices d'une unité, la série de relations

$$
\left.\begin{aligned}
F_0 - F_1 &= p_1\, l_1 - Q_1 \\
F_1 - F_2 &= p_2\, l_2 - Q_2 \\
\cdots \cdots \cdots \cdots \cdots \\
F_{n-2} - F_{n-1} &= p_{n-1}\, l_{n-1} - Q_{n-1} \\
F_{n-1} - F_n &= p_n\, l_n
\end{aligned}\right\} \quad (1)
$$

enfin

On a donc ainsi n relations entre les $2\,n$ inconnues

$$
F_0\, F_1\, \ldots\ldots\, F_n \qquad \text{et} \qquad Q_1\, Q_2\, \ldots\ldots\, Q_{n-1}.
$$

2° *Des moments fléchissants.*

Cherchons l'expression de ces moments pour les sections situées sur les appuis.

On aura

$$
\left.\begin{aligned}
\mu_1 &= \tfrac{1}{2}\, p_1\, l_1^2 - F_0\, l_1 \qquad \text{pour la 1^{re} travée,} \\
\mu_2 - \mu_1 &= \tfrac{1}{2}\, p_2\, l_2^2 - F_1\, l_2 \quad \text{pour la 2^{e},} \\
\cdots \cdots \cdots \cdots \cdots \\
- \mu_{n-1} &= \tfrac{1}{2}\, p_n\, l_n - F_{n-1}\, l_n \quad \text{pour la } n^{i\grave{e}me},
\end{aligned}\right\} \quad (2)
$$

de même

enfin

en remarquant que μ_0 et μ_n sont nuls sur les appuis extrêmes. On a donc ainsi n équations nouvelles avec $n-1$ nouvelles inconnues. En somme $2n$ équations et $3\,n-1$ inconnues.

3° *De l'inclinaison de la fibre moyenne.*

Supposons que la section soit la même sur toute la longueur de la pièce, le produit $EI = \varepsilon$ sera constant.

L'équation générale du moment des forces sur la m^e travée sera

$$
\mu - \mu_{m-1} = \tfrac{1}{2}\, p_m\, x^2 - F_{m-1}\, x_m \qquad (B)
$$

en désignant par x l'abscisse d'un point quelconque de cette travée à partir de l'appui $(m-1)^{i\grave{e}me}$.

Multipliant par dx et intégrant, on a

$$
\mu - \alpha_{m-1} = \varepsilon(f'(x) - \alpha_{m-1} = \mu_{m-1}\, x - F_{m-1}\, \frac{x^2}{2} + p_m\, \frac{x^3}{6} \qquad (A)
$$

faisant successivement dans cette équation

$$m = 1, 2, 3, 4 \ldots\ldots n,$$

et remplaçant x par les valeurs $l_1\, l_2\, l_3 \ldots\ldots l_n$ on aura, pour les inclinaisons des appuis

$$\left.\begin{aligned}
\alpha_1 - \alpha_0 &= \frac{1}{\varepsilon}\left(-\frac{1}{2}\,F_0\,l_1^2 + \frac{1}{6}\,p_1\,l_1^3\right) \\[4pt]
\alpha_2 - \alpha_1 &= \frac{1}{\varepsilon}\left(\mu_1\,l_2 - \frac{1}{2}\,F_1\,l_2^2 + \frac{1}{6}\,\mu_2\,l_2^3\right) \\[4pt]
\cdots\cdots\cdots\cdots\cdots\cdots\cdots\cdots\cdots\cdots \\[4pt]
\alpha_n - \alpha_{n-1} &= \frac{1}{\varepsilon}\left(\mu_{n-1}\,l_n - \frac{1}{2}\,F_{n-1}\,l_n^2 + \frac{1}{2}\,p_n\,l_n^3\right)
\end{aligned}\right\} \qquad (3)$$

On a ainsi n nouvelles équations et $n+1$ inconnues nouvelles. En tout, $3n$ équations entre $4n$ inconnues.

4° *Des ordonnées de la fibre moyenne.*

Multipliant par dx l'équation (A) et intégrant, on a

$$\varepsilon(y - y_{m-1}) = \varepsilon\alpha_{m-1}\,x + \frac{1}{2}\,\mu_{m-1}\,x^2 - \frac{1}{6}\,F_{m-1}\,x^3 + \frac{1}{24}\,p_m x^4 \qquad (C)$$

d'où l'on déduit pour chacune des travées, les équations suivantes, en remarquant que y est nul pour chaque point d'appui

$$0 = y_1 = \alpha_0\,l_1 + \frac{1}{\varepsilon}\left(-\frac{1}{6}F_0\,l_1^3 + \frac{1}{24}p_1\,l_1^4\right)$$

$$0 = y_2 - y_1 = \alpha_1\,l_2 + \frac{1}{\varepsilon}\left(\frac{1}{2}\,\mu_1\,l_2^2 - \frac{1}{6}\,F_1\,l_2^3 + \frac{1}{24}\,p_2 l_2^4\right)$$

$$\cdots\cdots\cdots\cdots\cdots\cdots\cdots\cdots\cdots\cdots$$

$$0 = y_{n-1} = \alpha_{n-1}l_n + \frac{1}{\varepsilon}\left(\frac{1}{2}\,\mu_{n-1}l_n^2 - \frac{1}{6}\,F_{n-1}l_n^3 + \frac{1}{24}\,p_n l_n^4\right)$$

On a ainsi n nouvelles équations sans inconnues nouvelles; ce qui donne en somme $4n$ équations entre les $4\,n$ inconnues.

$$F_0 \ldots F_n,\ \ \mu_1 \ldots \mu_{n-1},\ \ Q_1 \ldots Q_{n-1},\ \ \alpha_0 \ldots \alpha_n.$$

La résolution est donc possible.

On peut remarquer, pour simplifier cette résolution, que si dans

(A) on remplace F_{m-1} par sa valeur tirée de (B), on a

$$\varepsilon(f'(x) - \alpha_{m-1}) = \mu_{m-1}x - \left(\frac{1}{2}p_m l_m{}^2 + \mu_{m-1} - \mu_m\right)\frac{x^2}{2l_m} + \frac{1}{6}p_m x^3,$$

de même (C) donne

$$\varepsilon(y - \alpha_{m-1}x) = \frac{1}{2}\mu_{m-1}x^2 - \left(\frac{1}{2}p_m l_m{}^2 + \mu_{m-1} - \mu_m\right)\frac{x^3}{6l_m} + \frac{1}{24}p_m x^4,$$

en faisant successivement $x = l_m$ et $y = 0$; on en déduit

$$24\,\varepsilon(\alpha_m - \alpha_{m-1}) = -2p_m l_m{}^2 + \frac{1}{12}l_m\mu_{m-1} + 12\,l_m\mu_m.$$

et $\qquad\qquad 24\,\varepsilon\alpha_{m-1} = p_m l_m{}^3 - 8l_m\mu_{m-1} - 4l_m\mu_m \qquad\qquad$ (D)

d'où, par addition

$$24\,\varepsilon\alpha_m = -p_m l_m{}^3 + 4l_m\mu_{m-1} + 8l_m\mu_m \qquad\qquad \text{(E)}$$

équation applicable à une valeur quelconque de m.

L'équation D donnera ainsi

$$24\,\varepsilon\alpha_m = p_{m+1}l_{m+1}{}^3 - 8l_{m+1}\mu_m - 4l_{m+1}\mu_{m+1} \qquad\qquad \text{(F)}$$

Éliminant $24\varepsilon\alpha_m$ entre (E et F), on a enfin

$$4l_m\mu_{m-1} + 8(l_m + l_{m+1})\mu_m + 4l_{m+1}\mu_{m+1} = p_m l_m{}^3 + p_{m+1}l_{m+1}{}^3.$$

Cette équation lie entre eux les moments fléchissants sur trois appuis consécutifs $m-1$, m et $m+1$.

En faisant successivement $m = 1, 2 \dots n$, on a enfin la série de relations

$$\left.\begin{array}{l} 8(l_1 + l_2)\mu_1 + 4l_2\mu_2 = p_1 l_1{}^3 + p_2 l_2{}^3 \\ 4l_2\mu_1 + 8(l_2 + l_3)\mu_2 + 4l_3\mu_3 = p_2 l_2{}^3 + p_3 l_3{}^3 \\ \cdots\cdots\cdots\cdots\cdots\cdots\cdots \\ 4l_{n-1}\mu_{n-2} + 8(l_{n-1} + l_n)\mu_{n-1} = p_{n-1}l_{n-1}{}^3 + p_n l_n{}^3 \end{array}\right\} \qquad \text{(5)}$$

en remarquant que

$$\mu_0 = 0 \qquad \text{et} \qquad \mu_n = 0.$$

On arrive de cette façon à n'avoir plus que $n-1$ relations entre $n-1$ inconnues.

Appliquons ces résultats généraux à quelques cas particuliers.

81. *Pièce reposant sur trois appuis également espacés ou à deux travées égales.*

Les équations précédentes se réduisent à une seule

$$16\,\mu_1 = (p_1 + p_2)l^2,$$

en remarquant que $\quad l_1 = l_2.$

Quand les deux travées sont également chargées, on a

$$\mu_1 = \frac{pl^2}{8}.$$

C'est ce qu'on eût pu voir *à priori*, car la symétrie étant complète autour de l'appui du milieu, sous le rapport des charges et des dimensions, l'inclinaison de la pièce en ce point est nulle et chaque travée se trouve dans le cas traité au n° **78** *bis*.

82. *Pièce à trois travées égales.*

En faisant $\quad l_1 = l_2 = l_3 = l,$

dans les équations (5) et divisant par l, on a

$$16\mu_1 + 4\mu_2 = (p_1 + p_2)l^2,$$
$$4\mu_1 + 16\mu_2 = (p_2 + p_3)l^2;$$

qui donnent, par addition et par soustraction,

$$20(\mu_1 + \mu_2) = (p_1 + 2p_2 + p_3)l^2 \qquad (1)$$
$$12(\mu_1 - \mu_2) = (p_1 - p_3)l^2. \qquad (2)$$

On calcule d'abord $(\mu_1 + \mu_2) = A$ par l'équation (1), puis $(\mu_1 - \mu_2) = B$ par l'équation (2), d'où l'on déduit, par addition et par soustraction,

$$\mu_1 = \frac{A + B}{2} \qquad \text{et} \qquad \mu_2 = \frac{A - B}{2}.$$

82 *bis. Pièce à trois travées égales, également chargées.*

En faisant $\quad l_1 = l_2 = l_3 = l$

dans (5), puis divisant par l, on a

$$16\mu_1 + 4\mu_2 = 2pl^2 \qquad \text{et} \qquad 4\mu_1 + 16\mu_2 = 2pl^2 ;$$

la symétrie de ces deux relations indique que μ_1 égale μ_2. On en déduit

$$\mu_1 = \frac{pl^2}{10}.$$

On peut remarquer que c'est une moyenne entre les valeurs du moment fléchissant $\mu = \dfrac{pl^2}{12}$ maximum dans le cas de deux encastrements, et la valeur $\mu = \dfrac{pl^2}{8}$ maximum dans le cas de deux simples appuis.

D'après les équations (2) (n° 80), on a

$$\mu_1 = \frac{1}{2} pl^2 - F_0 l,$$

d'où
$$F_0 = \frac{1}{2} pl - \frac{1}{10} pl = \frac{4}{10} pl.$$

La symétrie indique

$$F_3 = F_0 = \frac{4}{10} pl ;$$

de même
$$Q_1 = Q_2 ;$$

mais on sait que
$$F_0 + Q_1 + Q_2 + F_3 = 3pl ;$$

donc

$$\frac{8}{10} pl + 2Q_1 = 3\,pl ; \qquad \text{d'où} \qquad Q_1 = \frac{3}{2} pl - \frac{8}{20} pl = \frac{11}{10} pl.$$

Pour la première travée

$$\mu = F_0 x - \frac{1}{2} px^2 = \frac{4}{10} plx - \frac{1}{2} px^2,$$

dont le maximum correspond à

$$\frac{4}{10} pl = px ;$$

d'où
$$x = \frac{4}{10} l ;$$

et le point d'inflexion correspond à

$$x = \frac{8}{10}\, l.$$

Pour la travée du milieu

$$\mu = F_1 x = \frac{1}{2}\, px^2.$$

Or $\qquad F_1 = F_0 + Q_1 - pl = \frac{4}{10}\, pl + \frac{11}{10}\, pl - pl = \frac{1}{2}\, pl;$

d'où $\qquad\qquad \mu = \frac{1}{2}\, plx - \frac{1}{2}\, px^2,$

dont le maximum correspond à

$$\frac{1}{2}\, pl = px;$$

d'où $\qquad\qquad x = \frac{1}{2}\, l;$

ce qui donne $\qquad\qquad \mu = \frac{pl^2}{8}.$

83. *Pièce à trois travées, les deux extrêmes égales.*
Supposons ces travées inégalement chargées.
On a, par hypothèse,

$$l_1 = l_3 \quad \text{et} \quad \mu_0 = 0;\ \mu_3 = 0.$$

Les équations (5) deviennent donc, pour ce cas,

$$8(l_1 + l_2)\mu_1 + 4l_2\mu_2 = p_1 l^3_1 + p_2 l^3_2;$$
$$4l_2\mu_1 + 8(l_1 + l_2)\mu_2 = p_2 l_2^3 + p_3 l_1^3,$$

qui donnent, par addition et soustraction,

$$(8l_1 + 12l_2)\,(\mu_1 + \mu_2) = (p_1 + p_3)l_1^3 + 2p_2 l_2^3 \qquad (1)$$

et $\qquad (8l_1 + 4l_2)\,(\mu_1 - \mu_2) = (p_1 - p_3)l_1^3. \qquad (2)$

On calcule d'abord $(\mu_1 + \mu_2) = A$ par l'équation (1); puis

$(\mu_1 - \mu_2) = B$ par l'équation (2); d'où l'on déduit, par addition, puis par soustraction

$$\mu_1 = \frac{A + B}{2} \quad \text{et} \quad \mu_2 = \frac{A - B}{2}.$$

84. *Pièce à quatre travées égales.*

Supposons ces travées également chargées.

Les équations (5) du n° 80 deviennent, en divisant par l,

$$8\mu_1 + 2\mu_2 = pl^2,$$
$$2\mu_1 + 8\mu_2 + 2\mu_3 = pl^2,$$
$$2\mu_2 + 8\mu_3 = pl^2.$$

La symétrie indique $\mu_1 = \mu_3.$

La deuxième équation devient donc

$$4\mu_1 + 8\mu_2 = pl^2;$$

de celle-ci et de la première, on tire

$$\mu_1 = \frac{3}{28} pl^2 \quad \text{et} \quad \mu_2 = \frac{1}{14} pl^2.$$

En prenant par rapport au deuxième appui les moments des forces qui sollicitent la première travée, on obtient

$$F_0 l - \frac{1}{2} pl^2 + \mu_1 = 0;$$

d'où en remplaçant μ_1 par la valeur obtenue précédemment, on a

$$F_0 = \frac{11}{28} pl.$$

On a de même, par rapport au troisième appui,

$$2F_0 l - 2pl^2 + Q_1 l + \mu_2 = 0;$$

d'où, en remplaçant F_0 et μ_2 par leurs valeurs, on a

$$Q_1 = \frac{8}{7} pl.$$

On peut trouver Q_2 en projetant toutes les forces sur un axe vertical et en remarquant que par symétrie $Q_1 = Q_3$.

$$2F_0 + 2Q_1 + Q_2 = 4pl;$$

d'où, en remplaçant F_0 et Q_1 par leurs valeurs, on a

$$Q_2 = \frac{13}{14} pl.$$

On peut remarquer que si l'on désigne par L la longueur totale $4l$, on a

$$F_0 = \frac{11}{112} pL; \quad Q_1 = Q_3 = \frac{2}{7} pL \text{ et } Q_2 = \frac{13}{56} pL.$$

85. *Aiguilles d'un barrage soutenant une charge d'eau.*

Dans ce cas, la charge répartie sur la pièce fléchie n'est plus proportionnelle à la longueur de celle-ci.

La loi d'hydrostatique qui régit les variations de la pression en chaque point de la pièce, est qu'un liquide exerce sur un élément superficiel du vase qui le contient une pression égale au poids d'une colonne de même liquide qui aurait pour base cet élément superficiel, et pour hauteur la distance de cet élément au niveau supérieur du liquide.

Si donc on désigne par π le poids d'un mètre cube de liquide; par dz la hauteur d'un élément superficiel; par b sa largeur; la pression sur cet élément sera

$$\pi b z\, dz,$$

et la somme des pressions pour une hauteur h sera

$$\int_0^h \pi b z\, dz = \frac{1}{2} \pi b h^2. \qquad \text{(n° 24)}$$

Si l'aiguille tient l'eau des deux côtés, la deuxième pression sera

$$\frac{1}{2} \pi b h'^2.$$

Les appuis A et B doivent faire équilibre à ces pressions; en appelant donc Q et Q' les réactions en A et B, les moments des forces autour d'un axe passant en A donneront la relation d'équi-

libre
$$Qa = \int_0^h \pi bz\,dz(h - z) - \int_0^{h'} \pi bz'\,dz'(h' - z'),$$

d'où
$$Q = \frac{1}{6}\,\pi\,\frac{b}{a}\,(h^3 - h'^3).$$

On aura Q' par différence

$$Q' = \frac{1}{2}\,\pi b(h^3 - h'^2) - \frac{1}{6}\,\pi\,\frac{b}{a}\,(h^3 - h'^3),$$

soit un point M entre A et C'.

En appelant z la distance de ce point au niveau supérieur C,

on a
$$\mu = Q(a - h + z) - \int_0^z \frac{1}{2}\,\pi z^2 b\,dz,$$

d'où
$$\mu = Q(a - h + z) - \frac{1}{6}\,\pi bz^3.$$

Pour avoir le maximum, égalons la dérivée à 0,

on a
$$0 = Q - \frac{1}{2}\,\pi bz^2,$$

et remplaçant Q par sa valeur

$$\frac{1}{6}\,\pi\,\frac{b}{a}\,(h^3 - h'^3) = \frac{1}{2}\,\pi bz^2,$$

d'où
$$z = \sqrt{\frac{h^3 - h'^3}{3}}.$$

Si la valeur de z ainsi trouvée est plus petite que $h - h'$, elle indique en effet le maximum; mais si elle est plus grande on conçoit qu'elle ne peut s'appliquer, car les relations précédentes ne s'appliquent qu'à la partie CC', et c'est de la formule qui donne les moments des forces pour la partie C'A qu'il faut tirer la valeur de ce maximum. Pour cette partie on a en un point quelconque en appelant y la distance de ce point à l'appui A

$$\mu = Q'y - \pi(h - h')by\,\frac{y}{2}$$

dont le maximum correspond à $Q' = \pi(h - h')by = 0$,

d'où
$$y = \frac{h + h'}{2} - \frac{h^3 - h'^3}{6a(h - h')},$$

valeur qui, remplacée dans celle de μ, donne pour maximum

$$\mu = \frac{1}{2}\,\pi b(h - h')y^2.$$

86. *Pièce courbe reposant sur deux appuis invariables de position.*

Si les appuis sont invariables de position ils exercent sur la pièce, non-seulement des réactions verticales comme on l'a supposé jusqu'ici, mais aussi des réactions horizontales se composant avec les premières.

Les réactions verticales se détermineront comme il a été dit pour le cas d'une pièce posée sur deux appuis n° 77, et ne dépendront que des poids qui chargent la pièce et de leur position.

Quant aux réactions horizontales on conçoit, *à priori*, qu'elles dépendront aussi de la facilité plus ou moins grande avec laquelle l'arc peut se déformer, c'est-à-dire de la valeur des moments d'inertie de ses différentes sections. En effet, un arc poussera d'autant plus horizontalement sur les appuis, qu'il cédera plus facilement sous l'action des forces qui tendent à en diminuer la flèche. Soient donc $P_1 P_2 \ldots$ les forces qui agissent sur l'arc dont la fibre moyenne est AMB. La réaction verticale $- S$ au point B sera donnée par la relation d'équilibre statique relative à la somme des moments des forces autour d'un axe passant en A.

$$Sa = \Sigma M_A P \tag{a}$$

en appelant a la corde de l'arc AB.

Pour obtenir la réaction horizontale Q écrivons que la distance a des points d'appui reste invariable; et pour cela exprimons le déplacement d'un point quelconque M de l'arc; projetons ce déplacement sur la ligne AB prise pour axe des x, enfin égalons à 0 l'expression de ce déplacement projeté lorsque le point M est situé en B.

Remarquons d'abord que les forces qui agissent depuis une

section quelconque de la pièce jusqu'à son extrémité peuvent se décomposer, comme on l'a vu n° 58, en un couple parallèle à la fibre moyenne dont le moment a été représenté par μ (n° 63), et en une force dont une composante est un effort tranchant F et dont la deuxième composante est un effort de traction ou de compression N. Or la force N produira sur une section CD infiniment voisine de l'origine A un allongement ou un raccourcissement GH de la fibre élémentaire moyenne de longueur ds qui sera exprimé par ids, et dont la projection sera

$$idx = \frac{Ndx}{E\Omega}. \qquad \text{(n° 61)}$$

Ce déplacement du centre G de la section CD donnera lieu à un déplacement du point M évidemment égal à la même quantité $\frac{Ndx}{E\Omega}$. De plus le couple fléchissant fera tourner le point G autour de A d'un angle $d\psi$ égal à GOH et exprimé par le rapport $\frac{ids}{V}$ de l'arc GH $= ids$ au rayon OG $=$ V (n° 63). Le point M se déplacera par suite d'une quantité MM′ égale à

$$GG_1 \times \frac{AM}{ds} = dsd\psi \, \frac{AM}{ds} = \frac{ids}{V} \, AM = MM'. \qquad (\beta)$$

La projection QM′ de ce déplacement s'obtiendra en considérant les deux triangles semblables AMP et MM′Q donnant la proportion $\quad \dfrac{QM'}{MM'} = \dfrac{MP}{MA}$,

mais MP, c'est y, l'ordonnée du point M,
d'où en remplaçant MM′ par sa valeur tirée de l'équation (β)

$$QM' = y \, \frac{ids}{V} = y \, \frac{\mu ds}{EI}. \qquad \text{(n° 63 équation (3)}$$

Donc le déplacement total du point M projeté sur l'axe AB, résultant de l'allongement et de la rotation de la tranche AG, sera

$$\text{exprimé par} \qquad \frac{Ndx}{E\Omega} + y \, \frac{\mu ds}{EI}.$$

Si toutes les tranches depuis le point A jusqu'au point M subissent une déformation analogue, la projection du déplacement total du point M sera

$$\int_A^M \left(\frac{N dx}{E\Omega} + y\, \frac{\mu ds}{EI} \right).$$

Enfin si le point M est situé en B, cette somme intégrale, prise depuis A jusqu'à B, devra être nulle puisque par hypothèse le point B est invariable de position, on aura donc

$$\int_B^A \left(\frac{N dx}{E\Omega} + y\, \frac{\mu ds}{EI} \right) = 0. \qquad (A)$$

Or, si l'on désigne par α l'angle que fait un élément quelconque de la fibre moyenne, en M par exemple, avec l'axe AB, on aura pour cet élément

$$N = \Sigma P \sin \alpha = \sin \alpha\, Q \cos \alpha$$

qui est la somme des projections des forces extérieures sur la tangente à la fibre moyenne; de plus on a

$$\mu = \Sigma M_M P + \Sigma M_M S - Qy$$

qui est la somme des moments des forces extérieures par rapport à un axe passant en M; en remplaçant donc N et μ par ces valeurs dans l'équation A, et en posant

$$N_1 = \Sigma P \sin \alpha - S \sin \alpha$$

et

$$\mu_1 = \Sigma M_M P - \Sigma M_M S,$$

on obtient

$$\int_A^B \left(\frac{N_1 dx}{E\Omega} + \frac{y \mu_1 ds}{EI} \right) - Q \int_A^B \left(\frac{\cos \alpha\, dx}{E\Omega} + \frac{y^2 ds}{EI} \right) = 0.$$

De cette équation on déduit la valeur

$$Q = \frac{\displaystyle\int_A^B \left(\frac{N_1 dx}{E\Omega} + \frac{y \mu_1 ds}{EI} \right)}{\displaystyle\int_A^B \left(\frac{\cos \alpha\, dx}{E\Omega} + \frac{y^2 ds}{EI} \right)}. \qquad (b)$$

On connaît ainsi par les relations (a et b) les réactions S et Q de l'appui B. Les réactions S′ et Q′ de l'appui A s'en déduisent en projetant les forces sur un axe vertical; on a en effet pour que l'équilibre existe

$$S' = \Sigma P - S,$$

et en projetant sur un axe horizontal

$$Q' = Q.$$

On a ainsi déterminé toutes les forces extérieures agissant sur la pièce.

Si la pièce est soumise à de grandes variations de température, ses dilatations et ses compressions augmentent ou diminuent la valeur de la réaction horizontale Q.

L'allongement élémentaire, en appelant τ le coefficient de dilatation de la matière employée et θ l'accroissement de température, est exprimée par $\tau\theta ds$ dont la projection dans le sens de AB est $\tau\theta dx$ et dont la somme $\int \tau\theta dx = \tau\theta a$; il faut donc ajouter ce terme aux allongements énumérés plus haut, et l'on a en ce cas

$$\tau\theta a + \int_A^B \left(\frac{Ndx}{E\Omega} + \frac{y\mu ds}{EI} \right) = 0,$$

ce qui donne en adoptant les mêmes notations que précédemment

$$Q = \frac{\tau\theta a + \int_A^B \left(\dfrac{N_1 dx}{E\Omega} + \dfrac{y\mu ds}{EI} \right)}{\int_A^B \left(\dfrac{\cos\alpha\, dx}{E\Omega} + \dfrac{y^2 ds}{EI} \right)}. \qquad (c)$$

Nous verrons plus loin comment on applique ces formules au calcul des arcs.

87. *Vases cylindriques.*

Soit un vase cylindrique pressé extérieurement et intérieurement par un fluide quelconque.

Soit ρ le rayon intérieur du vase, p la pression intérieure par mètre carré; ρ' et p' le rayon et la pression extérieurs. Par suite de la symétrie des causes de déformation par rapport à un diamètre quelconque d'une section perpendiculaire aux génératrices, il est évident que les forces qui agiront sur un élément quel-

conque de cette section seront égales et directement opposées,
et que l'élément sera uniquement soumis à un effort de tension
si la pression intérieure est plus grande que la pression extérieure, ou bien à un effort de compression si le contraire a lieu.
(Voir fig. 141.)

Soit N la tension ou la compression de l'élément situé en A égale
par symétrie à celle qui existe en B. On pourra obtenir la valeur de cet
effort en remarquant que la somme des efforts en A et en B devra être
égale, pour que l'équilibre existe, à la somme des projections sur
un axe perpendiculaire au diamètre AB de toutes les forces agissant sur le demi-cylindre ACB. Or une force élémentaire intérieure
agissant sur un élément ds sera pds, et sa projection sera $pds\cos\alpha$.
La somme des projections des forces analogues sera par suite

$$\int pds \cos\alpha = p \int ds \cos\alpha = p2\rho.$$

On verrait de même que la somme des projections des forces p'
sera $2p'\rho'$. Donc on aura

$$2N = 2(p\rho - p'\rho'). \qquad (A)$$

Or le n° 61 donne la relation

$$N = \Omega R, \quad \text{d'où} \quad \rho p - \rho'p' = \Omega R.$$

De plus, en ce cas, la section $\Omega = \rho' - \rho$, ce qui donne enfin

l'épaisseur $$e = \rho' - \rho = \rho \left(\frac{p - p'}{R + p'} \right).$$

Si l'on considère les forces qui agissent dans le sens des génératrices du cylindre, on voit que la résultante des pressions qui
s'exercent sur le fond du vase a pour composante totale en ce

sens $$N' = p\pi\rho^2 - p'\pi\rho'^2.$$

Or la section qui doit supporter cette tension est $\Omega' = \pi(\rho'^2 - \rho^2)$,
et la relation $N' = \Omega'R$ donnera

$$\rho'^2 = \rho^2 \frac{p + R}{p' + R}, \quad \text{d'où} \quad e = \rho' - \rho = \rho \left(\sqrt{\frac{p + R}{p' + R}} - 1 \right).$$

On devra donner au cylindre la plus grande des valeurs calculées par ces deux formules, afin de résister au plus grand des deux efforts.

Lorsque l'épaisseur e est petite par rapport à ρ, ainsi que p' par rapport à R, et c'est le cas général, on a pour résister au premier

effet
$$e = \rho\,\frac{p-p'}{\mathrm{R}},$$

et pour le second, on a

$$\Omega' = 2\pi\rho e, \quad \text{et} \quad \mathrm{N}' = \pi\rho^2(p-p'),$$

d'où
$$e = \frac{1}{2}\,\rho\,\frac{p-p'}{\mathrm{R}}.$$

On voit donc que l'épaisseur nécessaire pour résister aux efforts perpendiculaires aux génératrices doit être double de celle qui suffirait à résister aux efforts parallèles à ces génératrices.

88. *Détermination des moments d'inertie de diverses surfaces planes.* (Voir n° 53.)

Parallélogramme dont un côté est parallèle à l'axe du moment d'inertie.

Par définition
$$\mathrm{I} = \int v^2 d\omega.$$

Décomposons la surface totale en tranches élémentaires parallèles à l'axe OO'; soit a la longueur commune à toutes ces tranches, on a

$$d\omega = a\,dv, \quad \text{d'où} \quad \int v^2 d\omega = \int v^2 a\,dv = a\int v^2 dv,$$

en appelant b la hauteur de la surface totale, et en intégrant entre les limites O et $\dfrac{b}{2}$, on aura pour la partie supérieure à l'axe OO', $a\,\dfrac{b^3}{24}$; le moment d'inertie de la partie inférieure lui étant égal, on aura enfin
$$\mathrm{I} = \frac{ab^3}{12}.$$

89. Le même raisonnement s'applique à un *rectangle ayant un côté parallèle à l'axe* OO', on a ainsi $\mathrm{I} = \dfrac{ab^3}{12}$.

90. *Rectangle évidé.* Le moment d'inertie, par rapport à l'axe oo', est égal à la différence des moments d'inertie du rectangle extérieur et du rectangle intérieur

$$I = \frac{1}{12}\,(ab^3 - a'b'^3).$$

On pourrait obtenir de même le moment d'inertie du même rectangle par rapport à un axe perpendiculaire.

91. Il est évident que la même formule s'applique à la *forme double* T, en appelant b la hauteur, a la largeur des semelles, et a' et b' les dimensions intérieures correspondantes.

Si la section dont il s'agit est celle d'une pièce de fer composée d'une âme, de cornières et de semelles, on aura de même, en appelant a et b les dimensions du rectangle enveloppant et $a'b'$, $a''b''$, $a'''b'''$,..., les dimensions des rectangles à en retrancher successivement pour obtenir la surface réelle de la section de la pièce

$$I = \frac{1}{12}\,ab^3 - (a'b'^3 + a''b''^3 + a'''b'''^3 + \,\ldots).$$

Par rapport à un axe O_1O_1', le moment d'inertie sera évidemment la somme des moments d'inertie des rectangles qui composent la section double T, pris par rapport à cet axe.

92. *Parallélogramme dont une diagonale est l'axe des moments d'inertie.*

Soit b la distance de l'un des sommets à l'axe, on a pour surface élémentaire $\qquad d\omega = a'dv,$

mais $\qquad \dfrac{a'}{a} = \dfrac{b - v}{b},\qquad$ d'où $\qquad d\omega = \left(a - \dfrac{av}{b}\right)dv.$

On a, par suite,

$$\int_0^b v^2 d\omega = \int_0^b v^2\left(a - \frac{av}{b}\right)dv,$$

pour la partie supérieure à l'axe O, et enfin pour la surface totale

$$I = 2a\int_{-b}^{+b} v^2 dv - 2\frac{a}{b}\int_{-b}^{+b} v^3 dv = \frac{1}{6}\,ab^3 - \frac{1}{12}\,ab^3 = \frac{1}{6}\,ab^3.$$

93. *Cercle dont le centre passe par l'axe du moment d'inertie.*

Remarquons que les moments d'inertie de cette surface, par rapport aux deux axes rectangulaires OV et OU, sont égaux, on a

donc
$$I = \int v^2 d\omega = \int u^2 d\omega,$$

d'où
$$I = \frac{1}{2} \int (u^2 + v^2) d\omega = \frac{1}{2} \int r^2 d\omega.$$

Décomposons le cercle en tranches circulaires concentriques, on aura

$$d\omega = 2\pi r dr, \quad \text{d'où} \quad I = \frac{1}{2} \int_0^{r'} 2\pi r^3 dr = \frac{1}{4} \pi r'^4,$$

en appelant r' le rayon extérieur; ou bien $I = \dfrac{\pi D'^4}{64}$, en appelant D' le diamètre extérieur.

94. *Cercle évidé.*

On a évidemment, pour le moment d'inertie, la différence

$$I = \frac{1}{4} \pi (r'^4 - r''^4),$$

en appelant r'' le rayon du cercle intérieur.

95. *Ellipse* dont l'un des diamètres principaux est l'axe du moment d'inertie.

Il est évident d'après la figure que le moment d'inertie d'une tranche élémentaire de l'ellipse est à celui de la tranche élémentaire du cercle tangent inscrit et concentrique, comme le grand axe $2a$ est au diamètre $2b$. Il en est donc de même de la somme, et l'on a

$$I = \frac{a}{b} \frac{1}{4} \pi b^4 = \frac{1}{4} \pi a b^3.$$

96. *Ellipse évidée.* On aura d'après ce qui précède

$$I = \frac{1}{4} \pi (a b^3 - a' b'^3).$$

97. *Surface plane quelconque.*

L'intégration générale $\int v^2 d\omega$ peut se faire par la méthode générale des quadratures de Thomas Simpson, n° 27. Soit en effet une surface limitée par une courbe fermée quelconque, on la divise en un nombre pair d'éléments parallèles à l'axe du moment d'inertie. En appelant $u_0\, u_1\, u_2\ldots u_n$ les diverses cordes mesurées sur la figure, et δ leur distance, on a l'expression suivante

$$I=\int_b^{h+b} v^2 d\omega = \int_b^{h+b} v^2 u\, dv = \frac{\delta}{3}\,[b^2 u_0 + 4(b+\delta)^2 u_1 + 2(b+2\delta)^2 u_2 +$$
$$4(b+3\delta)^2 u_3 + \ldots\ldots + (b+h)^2 u_n].$$

98. *Cercle par rapport à son centre, applicable aux formules de torsion (fig.* 93). Dans ce cas les distances V deviennent des rayons r et l'on a

$$I_1 = \int r^3 d\omega \quad \text{et}\quad d\omega = 2\pi r\, dr,$$

d'où
$$I_1 = \int 2\pi r^3 dr = \frac{2\pi r_1^4}{4} = \frac{\pi}{2}\, r_1^4,$$

en appelant r_1 le rayon extérieur.

On peut remarquer que I_1 est le double de I.

Cercle évidé par rapport à son centre.

Le moment d'inertie d'une telle surface est évidemment égal à la différence des moments d'inertie du cercle extérieur et du cercle intérieur, on a donc

$$I_1 = \frac{\pi}{2}\, (r_1^4 - r'_1{}^4).$$

99. *Pièces dites en treillis et pièces évidées transversalement.*

Il est évident que la théorie générale de la résistance aux efforts de flexion n'est plus applicable à ces sortes de pièces, puisque les fibres parallèles au couple fléchissant, étant interrompues d'une section à une autre, ne peuvent supporter en ce sens aucun effort semblable à celui que nous avons désigné par R$d\omega$ au n° 63.

Les diverses théories faites jusqu'ici sur ce sujet étant tout à fait insuffisantes, nous nous bornerons à indiquer que si, dans une pièce à forme double T par exemple, l'âme étant formée d'un treillis, on admet qu'à égale quantité de matière le treillis résiste soit aux efforts de flexion, soit aux efforts tranchants, autant qu'une âme pleine, on peut alors calculer quelle serait l'épaisseur d'une âme de même poids ou de même volume et de même hauteur que le treillis et par suite le moment d'inertie d'une pièce pleine de même résistance. En effet, soit V le volume des parties pleines du treillis, h la hauteur de ce treillis, l sa longueur. Appelons x l'épaisseur cherchée, on aura évidemment

$$V = hlx,$$

d'où

$$x = \frac{V}{hl},$$

et le moment d'inertie de cette âme aura pour expression d'après

le n° 89

$$I = \frac{1}{12} xh^3.$$

Nous avons indiqué ce mode d'opérer, non comme un exemple à suivre dans tous les cas, car il n'est fondé sur aucune expérience certaine, mais comme un moyen employé par beaucoup de constructeurs pour résoudre cette question.

D'autres ne comptent pas les résistances que ces parties de pièces opposent aux forces extérieures et ne leur supposent uniquement qu'une fonction, celle de maintenir à distance les parties supérieures et inférieures des pièces dont elles forment les âmes. Chaque constructeur peut donc, suivant son appréciation personnelle, adapter à la valeur de I calculée précédemment un coefficient variable de 0 à l'unité.

Les observations qui précèdent s'appliquent ainsi aux pièces de fonte évidées transversalement suivant des formes quelconques.

100. *Pièces formées de matériaux de nature différente.*

Soient par exemple deux pièces, l'une en bois, l'autre en fer, liées entre elles de telle manière que le glissement longitudinal d'une pièce sur l'autre soit impossible, il est évident que toutes les molécules qui se trouvaient dans la même section avant la déformation seront après la flexion situées encore dans la même section. Donc la formule (1) $Rd\omega = EI \dfrac{v - V}{V} d\omega$ du n° 63 est encore applicable

Or d'après le n° 75, $\rho = \dfrac{V}{i}$, ou bien $i = \dfrac{V}{\rho}$,

d'où
$$Rd\omega = \dfrac{1}{\rho} E(v - V)d\omega,$$

et d'après l'équation (3), n° 63,

$$\dfrac{V}{i} = \dfrac{\Sigma Ev^2 d\omega}{\mu} = \rho.$$

Les forces extérieures étant généralement toutes perpendiculaires à la fibre moyenne, on a

$$V = 0 \, ;$$

on en déduit
$$Rd\omega = \dfrac{\mu Ev}{\Sigma Ev^2 d\omega} \, d\omega.$$

Remarquons que dans le cas d'une pièce composée de matériaux différents, bois et fer par exemple, on a, en appelant E' et I' le coefficient d'élasticité et le moment d'inertie du bois; E'' et I'' le coefficient d'élasticité et le moment d'inertie du fer,

$$\Sigma Ev^2 d\omega = E'I' + E''I''.$$

On aura donc pour une fibre quelconque de bois distante de v' du centre de gravité et en appelant R' le plus grand effort que supporte le bois par l'unité de section,

$$R' = v'\mu \, \dfrac{E'}{E'I' + E''I''}, \qquad (\alpha)$$

et pour le fer en appelant R'' le plus grand effort que supporte le fer également par unité de section,

$$R'' = v''\mu \, \dfrac{E''}{E'I' + E''I''}. \qquad (\beta)$$

7

On peut remarquer que le rapport des distances v' et v'' des fibres extrêmes du bois et du fer au centre de gravité de la pièce, en supposant ces fibres extrêmes soumises aux maximums respectifs de compression ou de traction que les deux matières peuvent supporter, sera d'après (α) et (β) exprimé par

$$\frac{V'}{V''} = \frac{R'}{R''} \cdot \frac{E''}{E'}.$$

Les numéros 67 et suivants donnent pour le fer laminé et pour le chêne

$$R' = 70.10^4; \ E' = 10.10^8; \ R'' = 6.10^6; \ E'' = 12.10^9,$$

d'où
$$\frac{v'}{v''} = \frac{7}{60} \times \frac{120}{10} = 1{,}40.$$

On en conclut que la hauteur $2v'$ d'une partie de chêne étant représentée par 14, la hauteur $2v''$ d'une poutre de fer qui y serait liée doit être représentée par 10 afin de satisfaire à la condition que ces poutres supportent en leurs fibres les plus fatiguées des efforts proportionnels à leur résistance respective.

Pour le sapin blanc et le fer laminé on aurait

$$\frac{v'}{v''} = \frac{6}{60} \times \frac{120}{15} = 0{,}8.$$

On voit que dans le premier cas, la poutre de bois devra être plus haute que la partie métallique et que le contraire devra avoir lieu dans le deuxième.

TROISIÈME PARTIE.

APPLICATIONS.

CHAPITRE PREMIER.

PONTS.

---

101. *Des diverses espèces de ponts.*

Au point de vue de la résistance, les ponts peuvent se diviser en trois espèces distinctes :

1° Ponts à pièces droites en bois, fonte ou fer ;
2° Ponts en arcs formés de bois, de fonte, de fer ou de pierres ;
3° Ponts suspendus en fer.

Nous ne traiterons pas des qualités ou des défauts de ces divers systèmes, notre but étant seulement de déterminer les dimensions des diverses pièces d'un pont dont le système a été arrêté d'avance.

102. *Ponts à pièces droites.*

Les ponts à pièces droites peuvent se diviser eux-mêmes en plusieurs classes d'après le nombre de leurs travées ; mais quel que soit ce nombre de travées, ils se composent généralement d'une série de poutres principales reposant sur les culées et les piles ; ces poutres sont reliées entre elles par des pièces dites pièces de ponts ou entretoises. Généralement, même dans les ponts biais, les pièces de pont sont perpendiculaires aux poutres. La chaussée repose sur ce réseau résistant et, suivant son mode de construction, fait varier en intensité et en position les charges appliquées sur les poutres et sur les entretoises.

Nous laisserons au lecteur le soin d'évaluer ces charges comme il en a été donné des exemples, aux n°ˢ 74 et suivants, cette détermination étant toujours très-simple.

105. *Ponts à une seule travée.*

1° *Des poutres; pont pour route ordinaire.*

Le contrôle des ponts et chaussées prescrit en ce cas une surcharge d'épreuve de 400 kilog. par mètre superficiel de chaussée et de 200 kilog. par mètre superficiel de trottoirs.

On en déduit le poids que chaque poutre a à supporter par mètre de longueur; soit p ce poids, a la longueur de la partie libre de la poutre, mesurée entre ses points d'appui. D'après le n° 77 *ter*, le moment fléchissant est un maximum au milieu de la portée et est exprimé par

$$\mu = \frac{1}{8}\, pa^2.$$

Pour déterminer en ce point la section de la poutre, remarquons que la relation

$$R = \frac{v\mu}{I},$$

du n° 63, donne en ce cas

$$\frac{I}{v} = \frac{1}{8R}\, pa^2.$$

Or le deuxième terme est calculable si l'on suppose une certaine valeur, limite de R, indiquée aux n°ˢ 67 et suivants; donc on cherchera dans les tableaux numériques quelle est la section à laquelle correspond une valeur $\frac{I}{v}$ égale à ce deuxième terme. Cette section sera celle qu'il conviendra d'employer.

S'il ne se trouve pas dans les tableaux une section telle que $\frac{I}{v}$

soit précisément égal au terme calculé, on composera une section comprise entre celles dont les valeurs $\frac{I}{v}$ correspondantes en sont le plus approchées, l'une en plus, l'autre en moins. On calculera pour la section ainsi composée, et d'après les n°s 88 et suivants, le moment d'inertie I, et par suite le quotient $\frac{I}{v}$, et l'on vérifiera si pour cette valeur l'équation précédente est satisfaite.

En général, on pourra adopter l'une des sections de poutres du tableau donnant une valeur $\frac{I}{v}$, la plus approchée de la valeur calculée.

De la formule précédente on déduira, par suite, le maximum de pression

$$R = \frac{1}{8} \frac{v}{I} pa^2$$

qui résulte de l'emploi de cette poutre. En opérant ainsi, R différera généralement peu de la valeur imposée; on sera d'ailleurs maître de le rendre plus petit que cette limite, en choisissant dans le tableau la poutre qui donne $\frac{I}{v}$ plus grand que la valeur calculée.

Ce qui précède est applicable aux poutres en fer, en bois et en fonte.

Aux extrémités de la poutre, le moment fléchissant est nul; l'effort tranchant est la seule donnée permettant de calculer la section en ce point. Cet effort sera égal à la réaction de l'appui, c'est-à-dire

$$F = \frac{pa}{2}.$$

La formule du n° 65 donnera, par suite,

$$\Omega = \frac{pa}{2R''}.$$

Pour un point quelconque de la longueur de la poutre, on aura le moment fléchissant en déterminant d'abord la réaction Q_0 de l'appui le plus voisin et prenant, par rapport au point considéré, la somme des moments des poids qui agissent entre ce point et l'extrémité de la pièce, puis en retranchant cette somme du moment de Q_0 par rapport au même point.

L'effort tranchant au point considéré sera, comme on l'a vu, n° 63, la somme des projections de ces mêmes forces sur un axe perpendiculaire à la longueur de la pièce.

Pour les poutres en métal, il peut y avoir notable économie, dans les ponts à grande portée surtout, à calculer pour plusieurs points de cette portée le moment fléchissant et l'effort tranchant, n° 63, afin d'en déduire par les formules précédentes les sections nécessaires et suffisantes à la résistance.

Dans les ponts à petite portée, on conserve généralement sur toute la longueur de la poutre la section calculée pour le milieu. Il en est de même pour les poutres en bois.

Il peut arriver que le passage sur le pont d'une lourde voiture produise sur les poutres un moment fléchissant supérieur à celui qui résulte de la surcharge prescrite.

Deux roues de pareilles voitures, pesant 6000 kilog., si l'on suppose qu'elles agissent au milieu d'une poutre, on aura, en appelant p_1 le poids mort du pont par mètre courant de poutre,

$$\mu = \frac{1}{8}\, p_1 a^2 + \frac{1}{4}\, 6000\, a, \qquad (\text{n° } 77\ bis)$$

En appelant b la distance entre deux poutres voisines, la surcharge de 400 kilog. par mètre carré de chaussée donnait

$$\mu = \frac{1}{8}\, p_1 a^2 + \frac{1}{8}\, 400 b a^2.$$

C'est donc la plus grande de ces deux valeurs que l'on doit introduire dans le calcul de $\frac{\mathrm{I}}{v}$.

Lorsque le mode de construction de la chaussée le permet, il convient d'adopter pour distance entre poutres la distance b qui rend ces deux valeurs égales entre elles. On a alors

$$\frac{1}{4}\, 6000\, a = \frac{1}{8}\, 400\, b a^2, \quad \text{d'où} \quad b = \frac{30}{a};$$

on en déduit pour

$$a = 30^m \quad \begin{array}{|c|c|c|c|c|c} 25 & 20 & 15 & 12 & 10 & 8 \end{array}$$
$$b = 1\ ,00 \quad \begin{array}{|c|c|c|c|c|c} 1,20 & 1,50 & 2,00 & 2,50 & 3,00 & 3,75 \end{array}$$

Les poutres soutenant les trottoirs ne supportent jamais un poids donnant lieu à un moment fléchissant supérieur à celui qui résulte de la surcharge prescrite pour l'épreuve, c'est-à-dire de 200 kilog. par mètre carré. C'est donc la formule $\mu = \dfrac{p'\,a^2}{8}$ qui donne toujours la valeur de μ applicable au calcul de $\dfrac{I}{v}$; dans cette formule p' désigne la charge morte, plus la surcharge que supporte la poutre par mètre de longueur.

Ponts pour chemins de fer.

Le contrôle des ponts et chaussées prescrit en ce cas une surcharge de 5000 kilog. par mètre courant de simple voie pour les ponts dont la portée est plus petite que 20 mètres, et 4000 kilog. pour les portées plus grandes.

L'évaluation de la charge totale portée par mètre courant de chaque poutre étant faite, les calculs sont les mêmes que précédemment.

De même que pour les routes ordinaires, il y a lieu de se rendre compte si les surcharges résultant de l'exploitation ne donnent pas lieu à des moments fléchissants plus considérables que ceux qui résultent de la surcharge réglementaire d'épreuve.

Ce fait se présente sur les chemins où l'on emploie des machines Engerth, pesant 62800 kilog. tout approvisionnées.

Le tableau suivant donne pour diverses portées les charges p par mètre courant de simple voie, qui donneraient lieu à des moments fléchissants égaux aux maximums de ceux résultant du passage d'une pareille machine.

$$a = \quad 1^m \quad \begin{array}{|c|c|c|c|c|c|c|c} 2 & 3 & 4 & 8 & 12 & 15 & 20 & 25 \end{array}$$
$$p = \quad 22000 \quad \begin{array}{|c|c|c|c|c|c|c|c} 10400 & 8200 & 7600 & 6700 & 5600 & 5000 & 4400 & 4000 \end{array}$$

On voit qu'au-dessous de 15 mètres de portée la charge réglementaire est inférieure à celle qui résulte de l'exploitation, et que la différence entre ces deux charges augmente rapidement à mesure que la portée diminue.

2° *Pièces de pont ou entretoises.*

Ces pièces peuvent en général être considérées comme posées sur un grand nombre d'appuis (les poutres) et sont, par conséquent, dans le cas traité n° 80.

Mais les formules générales qui s'y rapportent conduisent à des calculs un peu longs.

Pour évaluer le moment fléchissant en chaque point de ces pièces, on peut faire diverses hypothèses assez rapprochées de la vérité et qui conduisent à des calculs plus simples.

Si l'on suppose, 1° chaque entretoise formée de parties non reliées entre elles et reposant chacune librement à ses extrémités sur chaque poutre, on aura, en appelant p le poids mort, plus la surcharge correspondant à un mètre courant d'entretoise et a' sa

portée,
$$\mu = \frac{1}{8} pa'^2 \qquad \text{au milieu (n° 77 } ter\text{)}.$$

2° Chaque partie d'entretoise encastrée horizontalement sur chaque poutre, on aura
$$\mu = \frac{1}{12} pa^2,$$

en ce cas, le maximum des valeurs de μ a lieu aux points d'encastrement (n° 79 *bis*).

3° Chaque partie d'entretoise liée aux parties adjacentes et formant par conséquent une pièce reposant sur quatre appuis, on

aura (n° 82)
$$\mu = \frac{1}{10} pa^2$$

pour maximum des moments fléchissants.

On peut faire telle de ces trois hypothèses qui paraît s'approcher le plus de la vérité.

En général, on adopte la troisième qui se trouve donner une valeur de μ précisément moyenne entre les deux autres. Par des considérations analogues, lorsque l'entretoise doit porter en son milieu une surcharge additionnelle P, qui dans le cas d'une roue de lourde voiture est égale à 3000, on adopte la formule

$$\mu = \frac{1}{8}\, p_1 a'^2 + \frac{1}{3}\, Pa',$$

qui est une moyenne entre les deux maximums de moments fléchissants dus à la même charge sur une pièce simplement posée sur appuis et une pièce encastrée à ses deux extrémités; dans cette formule p_1 désigne la charge morte par mètre courant d'entretoise.

Généralement les entretoises, quelle que soit leur nature, se font de même section sur toute leur longueur.

Le maximum μ du moment fléchissant étant déterminé, les dimensions des sections s'en déduisent de la même manière que pour les poutres.

104. *Ponts à un nombre quelconque de travées.*

Les mêmes considérations qu'aux numéros précédents sont applicables en substituant aux valeurs des moments fléchissants des poutres sur les appuis les valeurs données aux n°⁵ 81 et suivants, et calculant le moment fléchissant en un point quelconque par la formule B, page 78.

Quant aux entretoises, elles se calculent absolument de la même manière que pour le cas d'un pont à une seule travée.

Si les points d'appui sont des colonnes en fonte, on détermine par les formules des n°⁵ 81 et suivants les réactions qu'elles exercent sur les poutres, réactions évidemment égales aux charges qu'elles supportent, et leurs dimensions se calculent comme il est dit au n° 68.

105. *Ponts en arcs.*

Ce système de ponts comprend deux classes bien distinctes au point de vue du mode de résistance.

1° *Ponts métalliques* (fonte ou fer).

2° *Pont en pierres.*

Ponts en arcs métalliques.

Ils se composent d'une série d'arcs portant le tablier par l'intermédiaire de pièces verticales ou inclinées dont l'ensemble forme les tympans. Le tablier étant formé de pièces droites appuyées sur les tympans se calcule par suite comme les diverses parties d'un pont à pièces droites.

Quant aux arcs, on suppose pour simplifier les calculs que le poids qu'ils ont à supporter est réparti uniformément par mètre de projection horizontale, quoique en réalité les actions transmises à l'arc par l'intermédiaire des tympans ne s'exercent qu'en des points déterminés, et que le poids mort du pont croisse un peu de la clef aux naissances. Cette hypothèse s'approche d'autant plus de la vérité que le pont porte une chaussée plus épaisse, par rapport au poids de laquelle le poids des tympans devient négligeable.

On peut remarquer, d'après les formules du n° 86, que le problème diffère ici de celui des ponts à pièces droites, en ce que les réactions des appuis ne peuvent se déterminer qu'autant que l'on connaît les valeurs des moments d'inertie des sections de l'arc en ses divers points. On voit donc qu'il faut d'abord supposer à l'arc une certaine forme et certaines sections, puis vérifier si les efforts R qui résultent de cette hypothèse sont inférieurs aux efforts pratiques indiqués n°ˢ 67 et suivants.

Nous calculerons les dimensions à donner à un arc dans les trois hypothèses suivantes de surcharges.

1° Surcharge sur tout l'arc.

2° Surcharge sur une moitié de l'arc, des naissances à la clef.

3° Surcharge sur une moitié de l'arc en son milieu.

La seconde hypothèse est en général celle qui nécessite les plus fortes dimensions de l'arc.

Si l'on appelle p_1 le poids mort du pont par mètre de projection horizontale de l'arc, p_2 le poids de la surcharge d'épreuve, a la corde de l'arc représenté par sa fibre moyenne, x l'ordonnée d'un point quelconque de l'arc, α l'angle que fait un élément considéré de l'arc avec la corde a, les formules du n° 86 deviendront, dans la première hypothèse,

$$\Sigma P = (p_1 + p_2)(a - x)\sin\alpha \quad \text{et} \quad \Sigma M_N P = \frac{1}{2}(p_1 + p_2)(a - x)^2.$$

En transportant ces valeurs dans la formule a (n° 86), on pourra calculer S.

Enfin les formules b ou c, suivant que l'on néglige l'effet des variations de température où que l'on en tient compte, permettront de déterminer Q.

En général, le terme $\dfrac{N_1 dx}{E\Omega}$ est numériquement négligeable par

rapport à $\dfrac{y\mu_1 ds}{EI}$; de même le premier terme du dénominateur de

Q est négligeable par rapport au deuxième, et l'on a très-approxi-
mativement

$$Q = \frac{\displaystyle\int_A^B \left(\frac{y\mu_1 ds}{EI}\right)}{\displaystyle\int_B^A \left(\frac{y^2 ds}{EI}\right)} = \frac{\displaystyle\int_A^B \frac{y\mu_1}{I}\, ds}{\displaystyle\int_B^A \frac{y^2}{I}\, ds}.$$

Pour calculer cette expression, la méthode la plus simple est
celle des quadratures de Thomas Simpson (n° 27).

En effet, le numérateur de Q représente la quadrature de la

courbe dont $\dfrac{y\mu_1}{I}$ est l'ordonnée en chaque point et dont s ou la

longueur de l'arc depuis l'origine A jusqu'au point considéré est
l'abscisse (n° 27).

On partage donc l'arc en un nombre pair de parties de longueurs égales et, pour chacun de ces points, on calcule la valeur

de $\dfrac{y\mu_1}{I}$, on la désigne par z.

(y est égal à l'ordonnée de la fibre moyenne de l'arc;
$\mu_1 = \Sigma M_M P - \Sigma M_M S$; I est égal au moment d'inertie de la section
au point M.)

Soient z_0, z_1, ... z_8, les neuf valeurs que prend $\dfrac{y\mu_1}{I}$ pour neuf

points de l'arc comprenant entre eux huit parties égales. On
aura, d'après le n° 27,

$$\int_A^B \left(\frac{y\mu_1}{I}\, ds\right) = \frac{1}{3}\frac{\text{arc}}{8}\,[z_0 + z_8 + 4(z_1 + z_3 + z_7) + 2(z_2 + z_4 + z_6)];$$

de même, en appelant u_0, u_1, ... u_8 les valeurs que prend

$\dfrac{y^2}{I}$, on aura

$$\int_A^B \left(\frac{y^2}{I}\, ds\right) = \frac{1}{3}\frac{\text{arc}}{8}\,[u_0 + u_8 + 4(u_1 + u_3 + u_5 + u_7) + 2(u_2 + u_4 + u_6)].$$

En divisant la première de ces équations par la seconde, on aura la valeur de la réaction Q.

On remarquera que z_0, z_8, u_0, u_8 seront nulles, car les y en A et en B sont nuls.

Connaissant ainsi les réactions S et Q, les formules du n° 86 donnent μ et N; en remplaçant dès lors leurs valeurs dans la

formule $$R = \frac{v\mu}{I} - \frac{N}{\Omega},$$ (n° 63)

on aura l'effort R rapporté à l'unité de section.

Remarque. Dans le deuxième membre de cette formule, le deuxième terme est toujours positif en valeur absolue, car N est négatif; le premier terme est toujours aussi positif, car lorsque μ est négatif, c'est la fibre située du côté des v négatifs, c'est-à-dire à l'intrados, qu'il faut considérer comme étant alors plus fatiguée que la fibre située de l'autre côté, c'est-à-dire à l'extrados.

Si la valeur ainsi calculée de R est inférieure à la valeur donnée aux n°s 67 et suivants, on recommence les mêmes calculs en supposant des sections plus faibles; on essaye au contraire des sections plus fortes si R, ainsi trouvé, est plus fort que la limite pratique donnée au n° 67.

Dans la deuxième hypothèse de surcharge, on a, pour un point de la moitié non surchargée

$$\Sigma P = p_1(a - x) \quad \text{et} \quad \Sigma M_M P = \frac{1}{2} p_1(a - x)^2.$$

Pour un point de la partie surchargée, on a

$$\Sigma P = p_1(a-x) + p_2\left(\frac{a}{2} - x\right) \quad \text{et} \quad \Sigma M_M P = \frac{1}{2} p_1(a-x)^2 + \frac{1}{2} p_2\left(\frac{a}{2} - x\right)^2;$$

les calculs suivent ensuite la même marche (page 106, ligne 32).

Dans la troisième hypothèse de surcharge on a, pour les points de la partie non surchargée et la plus éloignée de l'origine A des coordonnées,

$$\Sigma P = p_1(a - x) \quad \text{et} \quad \Sigma M_M P = \frac{1}{2} p_1(a - x)^2.$$

Pour les points situés dans la partie surchargée, on a

$$\Sigma P = p_1(a-x) + p_2\left(\frac{a}{2}-x\right) \quad \text{et} \quad \Sigma M_M P = \frac{1}{2}p_1(a-x)^2 + \frac{1}{2}p_2\left(\frac{a}{2}-x\right)^2.$$

Enfin, pour le premier quart de l'arc non surchargé, on a

$$\Sigma P = p_1(a-x) + p_2\frac{a}{2} \quad \text{et} \quad \Sigma M_M P = \frac{1}{2}p_1(a-x)^2 + p_2\left(\frac{a^2}{4} - \frac{ax}{2}\right);$$

les calculs suivent ensuite la même marche que dans la première hypothèse (page 106, ligne 32).

Cas particulier. Si l'arc a sur toute sa longueur la même section et par suite le même moment d'inertie, la valeur de la réaction horizontale des appuis devient

$$Q = \frac{\displaystyle\int_A^B y\mu_1 ds}{\displaystyle\int_A^B y^2 ds},$$

valeur qui se calcule aussi au moyen de la formule de Thomas Simpson.

Remarques sur les études précédentes.

Si l'on trace une courbe ayant pour abscisses les diverses valeurs de l'arc développé depuis l'origine A jusqu'à chacun des points considérés, et pour ordonnées les valeurs du plus grand effort R que supporte la fibre la plus fatiguée en chacune des sections correspondantes, on remarquera que cette courbe a autant de points de rebroussement qu'il y a de sections pour lesquelles le moment fléchissant est nul et qu'en ces sections où les valeurs de R seront des minimums relatifs, ces valeurs seront égales à $\frac{N}{\Omega}$, c'est-à-dire que la répartition des pressions en ces sections est uniforme.

Dans la première et la troisième hypothèse de surcharge, il y aura généralement deux points de rebroussement situés sur les reins de l'arc; dans la seconde hypothèse, il n'y en aura généralement qu'un situé près de la clef. Les maximums relatifs de R seront au nombre de trois pour la première et la troisième hypothèse, et correspondront aux maximums des moments fléchissants ; ils seront situés l'un à la clef, les autres aux premier et cinquième sixièmes environ de la longueur de l'arc.

D'après cela, on voit qu'un arc soutenant un pont sur lequel les surcharges sont variables de position, est une pièce dont toutes les parties sont destinées à supporter tour à tour des maximums. de pression correspondant toujours aux maximums des moments fléchissants ; on en conclut que moins le moment fléchissant subira de variations d'un point à l'autre de l'arc, ou bien plus il sera relativement faible, plus la pression sera uniformément répartie en chaque section.

Pour atteindre ce but, il convient d'augmenter le poids mort du pont par rapport à la surcharge qui se déplace. En effet, si p_2 était négligeable par rapport à p_1, la valeur de Q serait la même dans toutes les hypothèses de surcharge, les minimums de pression seraient situés aux premier et deuxième tiers environ de la longueur de l'arc et les maximums aux premier, troisième et cinquième sixièmes, et il suffirait de donner de fortes dimensions à l'arc seulement en ces points faibles qui ne se déplaceraient plus.

On aurait de plus l'avantage de faire que la seconde hypothèse d'épreuve qui est la plus défavorable pour un pont dont le poids mort est léger, ne produirait pas sensiblement plus de déformations dans l'arc que les deux autres, et par suite on aurait obtenu une grande rigidité dans toute la construction.

Des tympans. Ces pièces sont généralement formées de montants verticaux transmettant directement à l'arc les charges et surcharges du tablier. Ces montants sont donc soumis à un effort de compression.

Si l'on appelle d la distance de deux montants, on aura évidemment pour maximum de charge sur l'un d'eux, dans le cas de surcharge uniformément répartie sur le tablier,

$$N = (p_1 + p_2)d.$$

Ou bien, dans le cours de l'exploitation, si une roue du poids P_1 vient à passer sur la tête d'un montant, on aura

$$N = p_1 d + P_1.$$

La plus grande de ces deux valeurs introduite dans la formule du n° 62, permettra de calculer la section Ω en supposant à R la valeur indiquée n°^{s} 67 et suivants.

Les montants verticaux sont rejoints le plus souvent à leurs extrémités par des pièces obliques dont le calcul ne peut déterminer rigoureusement les dimensions, la répartition des pressions se faisant sur ces pièces suivant une loi indéterminée. Il convient pratiquement de leur donner la même section qu'aux montants.

Lorsque les tympans sont formés de cercles inscrits entre l'arc et le tablier, on peut les considérer comme des arcs AMB et AM'B soumis chacun, en A et B, à des réactions $Q = \dfrac{N}{2}$. En négligeant leur poids propre, le moment fléchissant en M et M' sera, en appelant r le rayon du cercle,

$$\mu = Qr = \frac{1}{2} Nr,$$

valeur qui, introduite dans l'équation $R = \dfrac{v\mu}{I}$, permettra de déterminer la dimension du tympan.

106. *Ponts suspendus.* (Voir pl. 2.)

Ils sont formés de câbles soutenant un tablier ordinaire au moyen de tiges verticales. On distingue plusieurs espèces de ponts suspendus suivant que leurs câbles de suspension sont situés en dessus ou en dessous du tablier, ou bien que les piles sur lesquelles reposent les câbles sont fixes ou rotatives. Examinons d'abord le cas le plus ordinaire, celui où les câbles de suspension sont situés au-dessus du tablier.

Cherchons à évaluer d'abord la tension de deux parties voisines AB et BC d'un câble entre lesquelles est fixée une tige de suspension. Si l'on appelle T et T' les tensions de ces deux parties et P le poids qu'elles soutiennent, les trois forces TT' et P devront se faire équilibre, et par suite les côtés du triangle Bbb' parallèles à chacune de ces trois forces en représenteront la valeur relative. On construirait de même un triangle Ccc' représentant les forces TT'' connaissant le poids P' qui agit en C. On peut remarquer que les forces P, P'... étant toutes verticales, la projection hori-

zontale de la tension T sera égale à celle de la tension T″, etc...,
autrement dit la composante horizontale de la tension du câble
en chacun de ces points sera constante. Au point le plus bas du
câble, où son élément est horizontal, la tension réelle sera précisément égale à cette composante.

Supposons (*fig. 2*) que les points A et B soient les sommets des piles
sur lesquelles doivent passer les câbles, soit CD le niveau inférieur
auquel le câble doit passer; si l'on appelle h et h' les hauteurs AC
et BD; a la distance CD; si l'on désigne par l et l' les distances
inconnues CE, ED des points C et D à l'élément horizontal du câble
où la tension est Q; si l'on représente enfin par p le poids par
mètre de longueur dont le câble est chargé, on verra que l'équilibre de la partie AE sous l'influence de la tension du câble en A,
du poids pl et de la tension Q en E donnera l'équation des moments autour du point A

$$\frac{pl^2}{2} = Qh\,,$$

de même l'équation des moments autour de B des forces qui
agissent de E en B

$$\frac{pl'^2}{2} = Qh', \quad \text{d'où} \quad l^2h' = l'^2h\,;$$

on sait de plus que $\qquad l + l' = a.$

De ces deux équations on déduit

$$l = \frac{ah}{h - h'} \pm \sqrt{\frac{a^2h^2}{(h - h')^2} - \frac{a^2h}{h - h'}}\,,$$

ou bien $\qquad l = a\left[\dfrac{h \pm \sqrt{hh'}}{h - h'}\right].$

Connaissant ainsi la position du point bas du câble, la première
équation permettra de calculer

$$Q = \frac{pl^2}{2h}\,.$$

Cette tension étant connue, toutes les autres peuvent s'obtenir aisément par une construction graphique. En effet, la tension d'un point situé à une distance horizontale d du point le plus bas sera, comme on l'a vu, donnée par le troisième côté du triangle rectangle construit sur Q et sur pd, cette tension sera par suite

$$T = \sqrt{\frac{p^2 l^4}{4h^2} + p^2 d^2} \, ;$$

on voit que le maximum de cette tension correspondra au maximum de d, autrement dit ce sera la tension du câble sur la pile en B; sa valeur deviendra alors

$$T_B = \sqrt{\frac{p^2 l^4}{4h^2} + p^2 l^2} = pl \sqrt{\frac{l^2}{4h^2} + 1}.$$

Si les deux sommets A et B des piles sont au même niveau $l = l' = \dfrac{a}{2}$, et les tensions en A et en B sont égales.

La section Ω de la chaîne en mètres carrés doit satisfaire à la formule de résistance du n° 65 où N est ici égal à T_B; on aura

donc $\qquad T_B = R\Omega \quad$ d'où $\quad \Omega = \dfrac{T_B}{R}.$

Le n° 67 donne la valeur applicable à R. Généralement le mode de formation de la chaîne conduit à lui donner une même section sur toute sa longueur : dans le cas où une variation de section est possible, on peut en chaque point calculer la section suffisante en remplaçant dans la formule précédente T_B par la valeur générale de la tension T en un point quelconque. Au point le plus bas, $T = Q$ et l'on a pour ce point

$$\Omega = \frac{pl^2}{2hR}.$$

Remarque. Le poids p est égal pour chaque câble au poids du tablier, des câbles, des tiges et de la surcharge par mètre courant divisé par le nombre de câbles. On évalue d'abord approximativement le poids des câbles, sauf à le modifier après un premier calcul.

Les tiges de suspension sont soumises à un effort longitudinal de traction égal au poids total du tablier divisé par le nombre de tiges qui le soutiennent plus au poids résultant sur chaque tige du passage d'une lourde voiture sur le pont. La formule

$$N = R\Omega_1$$

dans laquelle N représente cette tension d'une tige permet d'en calculer la section Ω_1.

Les diverses pièces du tablier se calculent comme celles des ponts à pièces droites, les pièces de pont étant considérées comme des solides posés à leurs extrémités sur des appuis qui sont ici les tiges de suspension.

On verra au chapitre des piles et culées le calcul de ces parties de la construction d'un pont suspendu.

Les chaînes des ponts suspendus en dessous se calculent absolument de la même manière que celles d'un pont suspendu en dessus.

107. *Ponts en pierre.*

Le mode de résistance des constructions en pierre diffère essentiellement de celui que présentent les constructions en bois ou en métal, car l'adhérence des mortiers est en général trop faible pour qu'on puisse supposer que de telles constructions peuvent résister à un effort de traction. Les efforts moléculaires qu'exercent deux surfaces en contact se décomposent en ce cas en deux, les uns perpendiculaires à ces surfaces sont uniquement ici des résistances à la compression, les autres parallèles à ces surfaces et dont la stabilité de la construction dépend aussi, sont les résistances au glissement.

108. *De la répartition des pressions normales* (Pl. I).

Soit AB une section rectangulaire représentant un joint entre deux assises de pierre. Soit 1 mètre l'épaisseur de ce joint prise normalement au plan de la figure. Soit T la résultante des forces extérieures que la partie supérieure à AB exerce sur cette section; cette résultante passera à l'intérieur de AB. En effet les réactions moléculaires répulsives de la partie inférieure à AB étant toutes situées dans cette section; leur résultante passera aussi dans ce rectangle; mais pour que l'équilibre existe, il faut qu'elle soit égale et opposée à T, donc T passe dans le rectangle AB.

Décomposons la résultante T en deux, l'une N parallèle à la section, l'autre P normale.

Cherchons la loi de répartition des réactions moléculaires normales de la section résistant à la force P.

Pour cela, considérons les molécules situées primitivement dans une section plane CD voisine de AB et supposons qu'après que l'effet de compression s'est produit, ces diverses molécules sont venues se placer dans un même plan C'D'. On a vu (n° 62) que les forces agissant sur un prisme sont proportionnelles à la section multipliée par le raccourcissement du prisme. Soit donc p la force agissant sur un élément de section ω d'un prisme élémentaire dont le raccourcissement est h. On aura en désignant par R le coefficient donné n° 67 et suivants et par Ω la section AB.

$$p = R\omega h \quad \text{d'où} \quad \Sigma p = P = R\Sigma\omega h = R\Omega\left(\frac{h' + h''}{2}\right),$$

car $\Sigma\omega h$ est égal au volume CDD'C'.

On voit que la résultante P des forces p passera au centre de gravité du trapèze CC'DD'.

Si l'on appelle a la distance C'G = AO; on sait que la surface du trapèze sera exprimée par

$$S = a(h' + h''),$$

ou bien en la décomposant en deux triangles, on a en appelant l

la longueur CD $\qquad S = \frac{1}{3} l(h' + 2h'').$

De ces deux valeurs égales, on déduit

$$h' = 2 - 3\frac{a}{l} \quad \text{et} \quad h'' = 3\frac{a}{l} - 1.$$

De plus p' et p'' désignant les pressions élémentaires en C' et en D on sait que

$$p' : P :: h' : \Omega\left(\frac{h' + h''}{2}\right) \quad \text{et} \quad p'' : P :: h'' : \Omega\left(\frac{h' + h''}{2}\right),$$

d'où en remplaçant h' et h'' par leurs valeurs, on a

$$p' = 2\left(2 - \frac{3a}{l}\right)\frac{P}{\Omega} \quad \text{et} \quad p'' = 2\left(\frac{3a}{l} - 1\right)\frac{P}{\Omega},$$

donc, connaissant a, l, P, on pourra calculer les pressions élémentaires extrêmes p' et p''.

On voit qu'à mesure que P s'approchera de l'arête A, la pression p'' diminuera, et qu'elle se réduira à zéro pour $a = \frac{1}{3}l$; le trapèze sera alors un triangle, car h'' sera nul.

On eût vu, *à priori*, que P passant toujours par le centre de gravité du volume de compression CC'DD' on a $a = \frac{1}{3}l$.

Si a prend une valeur moindre, la fibre h'' ne reçoit aucun effort, et les matériaux en cet endroit sont employés en pure perte; donc $a = \frac{1}{3}l$ correspondra à la limite extrême des positions que P devra occuper pour qu'il y ait pression en tout point de la section; pour cette limite $p'' = \frac{2P}{3a} = \frac{2P}{l}$. Le point O où passe la résultante T s'appelle *centre de pression*. Si l'on considère de même une série de sections analogues à AB, on obtiendra une série de centres de pression dont l'ensemble formera *la courbe de pression*.

Remarque. La résultante des pressions peut s'approcher de l'arête jusqu'à une distance a telle que la pression p'' soit plus petite que la valeur donnée à R aux numéros 67 et suivants.

L'hypothèse de répartition des pressions qui sert de base à la théorie précédente cesse d'être vraie lorsque la largeur AB du joint dont il s'agit est assez considérable pour se composer de plusieurs pierres. On conçoit en effet qu'en ce cas toutes les parties d'un même joint ne resteront pas, après la déformation, dans un même plan, et que si le centre des pressions passe près d'une arête, la pierre qui en sera la plus voisine supportera seule toute la pression.

Si nous supposons que le déplacement de la partie du joint comprimé se fait parallèlement à lui-même, le trapèze considéré dans la théorie précédente deviendra un rectangle dont le centre de gravité sera toujours situé sur la résultante des pressions. On en conclut que la largeur du rectangle ou la partie du joint supportant la pression sera $2a$ et que sur cette partie la pression se répartira uniformément. On aura donc

$$P = 2a\mathrm{R} \quad \text{d'où} \quad \mathrm{R} = \frac{\mathrm{P}}{2a}.$$

108 *bis*. *De l'adhérence et de la résistance au glissement dans les maçonneries.*

Il ne suffit pas qu'une construction en maçonnerie satisfasse aux conditions d'équilibre et de résistance que constate le tracé des courbes de pression, il faut en outre que la cohésion des mortiers et leur adhérence sur la maçonnerie soient telles que le glissement des diverses assises l'une sur l'autre soit impossible.

La résistance au glissement qu'opposent deux surfaces en contact, se compose de deux parties : le simple frottement et l'adhérence.

1° *Simple frottement*. — Les surfaces en contact sont unies et appartiennent à des corps soumis à la fois à des pressions normales et à des pressions parallèles à ces surfaces ; les pressions normales déterminent, suivant l'état de dureté des corps une certaine déformation et une pénétration d'un corps dans l'autre, le n° 108 donne la loi de répartition de ces pressions. Les pressions parallèles tendent à produire le glissement. L'expérience prouve que la résistance à ce glissement est indépendante de l'aire de ces surfaces, qu'elle dépend seulement de leur nature et qu'elle est proportionnelle à la pression normale.

Si l'on appelle R' la résistance au glissement, P la pression normale et f un coefficient variable avec chaque nature de surface,

on aura $$\mathrm{R}' = f\mathrm{P}.$$

Pour les maçonneries, on peut prendre

$$f = 0{,}76.$$

Donc, si l'on appelle F l'effort parallèle au joint, il faut, pour que le glissement n'ait pas lieu, que l'on ait

$$\mathrm{F} < \mathrm{R}',$$

ou bien $\qquad F < fP,\qquad$ d'où $\qquad \dfrac{F}{P} < f.$

Or, on peut remarquer que $\dfrac{F}{P}$ représente la tangente de l'angle α que fait la résultante des forces F et P avec la normale à la surface; on aura donc $\qquad \operatorname{tang} \alpha < f$;

si $\qquad\qquad\qquad f = 0{,}76,$

on a $\qquad \operatorname{tang} \alpha < 0{,}76,\qquad$ d'où $\qquad \alpha < 37°.$ $\qquad$ (1)

On en conclut que deux assises de maçonnerie ne pourront glisser l'une sur l'autre lorsque l'angle que fait la normale au joint avec la résultante des pressions en ce joint sera $< 37°$.

CORPS GLISSANT L'UN SUR L'AUTRE.	f	α
Maçonnerie sur béton	0,76	37°
Idem. sur terre ordinaire	0,57	30°
Idem. argile humide	0,30	17°

2° *Adhérence.* Les surfaces en contact sont rugueuses et s'enchevêtrent l'une dans l'autre. L'expérience prouve que la résistance au glissement dépend en ce cas de l'aire des surfaces en contact; on l'appelle alors adhérence. Pour les maçonneries liées avec du mortier de chaux grasse et sable fin, après un mois de séjour à l'air, on peut prendre pour valeur de la résistance par mètre carré 10000 kilog.

On aura donc $\qquad F < 10000 . \Omega$;

si R_1 désigne la résultante des pressions sur le joint, on aura

$$F = R_1 \sin \alpha, \quad \text{d'où} \quad R_1 \sin \alpha < 10000\,\Omega > F. \qquad (2)$$

Les inégalités (1) et (2) devront donc être satisfaites pour que le glissement ne soit pas possible.

109. *Voûtes en maçonnerie avec surcharges verticales symétriques.*

Cherchons à déterminer les centres de pression en chaque joint. Remarquons que leur ensemble ou la courbe de pression, dans un pareil système, est tout à fait indéterminé, et pour les mêmes surcharges une infinité de courbes de pression peuvent se réaliser, suivant la manière dont la pose des voussoirs a été exécutée.

Le problème à résoudre consiste donc à chercher le minimum d'épaisseur de voûte satisfaisant aux conditions d'équilibre et de résistance, dans toutes les épreuves auxquelles la construction sera soumise.

Soit une voûte d'un mètre de longueur perpendiculairement au plan de la figure, et symétrique à tous égards par rapport à l'axe YY'. Supposons qu'au sommet HH' ou clef, l'action résultante N des pressions de la partie à droite sur la partie à gauche de l'axe passe en O. Cette résultante étant égale, opposée et symétrique à la réaction résultante de la partie de gauche sur celle de droite sera nécessairement perpendiculaire à YY'; soit CD le niveau des terres au-dessus de la voûte. Réduisons les ordonnées KI, $K_1 I_1$, etc., dans le rapport inverse des densités de la pierre et de la terre qui surcharge la voûte, afin d'opérer sur un solide C'H'K'KI' homogène et de faire abstraction des différences de densité des parties de la construction

On aura $KI' = KI \dfrac{\delta'}{\delta}$ en nommant δ la densité de la pierre qui compose la voûte et δ' celle de la terre, de sorte que les surfaces pourront représenter dès lors des poids, puisqu'elles leur seront proportionnelles.

Supposons que la réaction N soit connue en grandeur et en position.

Soit P le poids du prisme C'H'K'KI'; la force qu'il représente est parallèle à YY' et passe par le centre de gravité du prisme (on verra plus loin, n° 110, comment on l'évalue).

Soit R la résultante de N et de P, on aura

$$R = \sqrt{N^2 + P^2} \quad \text{et} \quad \tang \alpha = \frac{N}{P};$$

de plus, R passera par le point L où N et P se rencontrent, puisqu'elle est leur résultante. Cette force sera donc connue en grandeur et en direction, donc le centre de pression O' sera déterminé.

Inversement, et c'est le cas général, si l'on se donne les points de passage O et O' des résultantes de pression N et R, on pourra déterminer N; car en prenant par rapport au point O' les moments des forces N, P, R, la force R disparaît de l'équation, et l'on a

$$N h - P b = 0, \quad \text{d'où} \quad N = \frac{P b}{h}.$$

On voit donc qu'on pourra faire sur la force N ou sur les centres de pression O et O' telle hypothèse que l'on voudra; mais pour une position choisie de O et de O', ou bien une valeur de N, tous les autres points de la courbe de pression seront déterminés.

En effet, pour un autre joint $K_1 K'_1$, auquel correspond un poids P' de voûte et de surcharge, on connaît N et la position de P', par suite

$$R' = \sqrt{N^2 + P'^2} \quad \text{et} \quad \tan \alpha' = \frac{N}{P'};$$

de plus, la résultante R' passe en L', où N et P' se rencontrent; donc le centre O" est déterminé. En faisant ainsi une série d'hypothèses sur la position de deux centres de pression O et O', en deux joints quelconques, on pourra tracer la série de courbes de pression correspondantes; celles qui resteront pour chaque joint de la voûte à des distances des arêtes égales à a (n° 108), satisferont aux conditions de résistance si la pression sur l'arête est plus petite que la valeur pratique de résistance (n° 71).

Si plusieurs de ces courbes satisfont à ces conditions, cela indique que l'épaisseur de voûte supposée est plus que suffisante pour résister, on la diminuera et l'on recommencera le tracé des courbes pour cette nouvelle hypothèse. Ces tâtonnements peuvent être abrégés en prenant dans un premier essai l'épaisseur à la clef donnée par la *formule empirique* suivante

$$e = 0,03 D + \frac{\sqrt{h}}{10} + 0,12;$$

D désignant le diamètre de la voûte ou son ouverture et h la hauteur des terres au-dessus de la clef.

Exemples. 1° Soit un pont où

$$D = 30^{m}; \quad h = 2,00$$

(en y comprenant la surcharge d'épreuve), on aura

$$e = 1,16.$$

2° Soit un aqueduc de 2 mètres d'ouverture sous un remblai de 8 mètres; on aura

$$e = 0,46.$$

3° Soit une voûte de cave

$$D = 4; \quad h = 0,35;$$

d'où

$$e = 0,30.$$

De plus, il convient pour les voûtes en plein cintre de prendre l'épaisseur aux naissances égale à 2 fois $\frac{1}{2}$ celle de la clef; pour les voûtes en arcs de 120°, 1 fois $\frac{3}{4}$; pour les voûtes en arcs de 60°, 1 fois $\frac{1}{4}$.

Pour les voûtes en anses de panier, les dimensions peuvent être prises les mêmes que celles des voûtes en plein cintre de même ouverture.

Dans la théorie précédente nous n'avons fait aucune hypothèse sur la valeur de l'angle embrassé par la voûte entière, non plus que sur le rayon d'intrados; les calculs indiqués sont donc applicables, et de la même manière, aux voûtes de forme quelconque.

110. *Voûtes avec surcharges verticales non symétriques.*

En ce cas, la réaction N à la clef n'est plus perpendiculaire à YY'; on la décompose en deux, l'une N″ parallèle à YY', l'autre N′ perpendiculaire; on prend trois points OO'O″ à volonté sur trois joints et l'on se propose de déterminer la courbe de pression dont ils font partie. On prend d'ordinaire O′ et O″ symétriques. La somme des moments des forces autour du point O' donne l'équation d'équilibre

$$N'h - N''d - Pb = 0;$$

de même, autour du point O'', on a

$$N'h + N''d - P'b' = 0;$$

de ces deux équations on déduit les valeurs

$$N'' = \frac{P'b' - Pb}{2d} \quad \text{et} \quad N' = \frac{Pb + P'b'}{2h}.$$

On peut dès lors construire la résultante N de ces deux forces et la méthode reprend la marche ordinaire du n° 109. Si la courbe tracée ne répond pas aux conditions voulues de résistance (n° 108), on fait d'autres hypothèses sur la position des points OO'O'', comme au numéro précédent.

Remarque. — Le calcul des poids P en grandeur et en position peut se faire très-simplement au moyen de la formule de Thomas Simpson (n° 27). Pour cela, on divise la longueur IC = L en un nombre pair n de parties égales, on mesure les longueurs d'ordonnées parallèles à YY' correspondantes et comprises entre les courbes I'C' et H'K'K. Soient $y_0, y_1 \ldots$ ces ordonnées, on a

$$\text{Surf. } H'K'KI'C' = \Omega = \int y\,dx = \frac{L}{3n}[(y_0 + y_n + 4(y_1 + y_3 + \ldots + y_{n-1}) + 2(y_2 + y_4 + \ldots + y_{n-2})].$$

En appelant δ le poids du mètre cube de la pierre, on en conclut la valeur de

$$P = \Omega\delta.$$

Cette force est de plus située à une distance X de l'axe YY', donnée par la formule générale du n° 27, appliquée aux centres de gravité (n° 47).

$$\Sigma mx = \Omega X = \frac{L}{3n}\left[yL + 4\left(y_1\frac{L}{n} + y_3\frac{3L}{n} + \ldots\right) + 2\left(y_2\frac{2L}{n} + \ldots\right)\right].$$

En supposant y_0 situé sur l'axe et $y_n = $ KI'. Le quotient de la division de ΩX, ainsi calculé, par Ω trouvé précédemment, donne la valeur de X et par suite la position de la force P.

111. *Voûtes avec surcharges obliques symétriques ou non.*

Ce cas se présente lorsque les terres tendant à glisser sur elles-mêmes pressent obliquement la voûte; le tracé de la courbe de pression se fait de la même manière que précédemment, si ce n'est que les forces P, entrant dans les équations, ne sont en ce cas que les composantes dans le sens du talus de glissement des poids des prismes obliques des surcharges de terre, et les distances d, b, h, étant toujours les distances des composantes obliques dans le sens du glissement aux trois points choisis comme points de passage de la courbe de pression.

112. *Tunnels, aqueducs et radiers courbes.*

Les tunnels sont des voûtes soumises à des pressions excessivement variables en direction et en intensité, suivant la nature des terrains qu'ils traversent; nous allons donc examiner successivement les principaux cas qui peuvent se présenter.

1° *Terrains mouvants,* tels que sables aquifères.

On peut admettre que le sable se comporte alors comme un liquide et, par suite, exerce sur le tunnel des pressions normales à l'extrados de celui-ci. Quand ces pressions sont très-considérables, elles varient relativement très-peu de la partie supérieure à la partie inférieure de celui-ci. De la symétrie qui en résulte, par rapport à tout diamètre du tunnel, on déduit, 1° que la forme circulaire est celle qu'il faut adopter en ce cas; 2° que le tunnel doit être extradossé parallèlement.

La formule du n° 87 en donne l'épaisseur

$$e = \frac{\rho p}{R};$$

le n° 71 donne les valeurs applicables à R.

La pression p peut être évaluée par des expériences directes faites pendant le percement.

Les considérations précédentes sont applicables aux aqueducs traversant des terres de remblai, ainsi qu'aux radiers courbes soumis à des pressions inférieures.

Si les pressions sur le tunnel sont peu considérables, elles varient sensiblement de la partie supérieure à la partie inférieure; or de la formule précédente, on déduit

$$\rho = \frac{eR}{P};$$

on voit donc que le rayon d'une voûte soumise à des pressions normales varie en raison inverse de ces pressions, ce qui conduit, dans le cas qui nous occupe, à donner au tunnel la forme dite en œuf, le petit bout en bas.

Le tracé de la courbe des pressions se fait du reste toujours de la même manière qu'au n° 109, en faisant trois hypothèses sur les points de passage de cette courbe et en déduisant par les équations d'équilibre relatives aux moments des forces normales la valeur des résultantes de pression en chaque joint du tunnel.

2° *Terrains coulants*, tels que terres argileuses humides.

Ces terrains sont ceux qui tendent à glisser par couches parallèles à une direction inclinée.

L'étude des courbes de pression se fait en ce cas comme il est indiqué au n° 109 et l'on est conduit à adopter pour la partie supérieure la forme de plein cintre, et latéralement des piédroits avec un fruit plus ou moins considérable; lorsque ce fruit est assez prononcé pour que la dernière résultante des pressions à la base soit plus inclinée que ne le comporte la théorie du n° 108 *bis*, relative au glissement, on rejoint les pieds de ces culées par un radier droit s'il n'existe pas de sous-pression, et par un radier courbe dans le cas contraire.

3° *Terrains résistants*, tels que roches.

En ce cas, la maçonnerie du tunnel peut avoir une épaisseur très-réduite, car il ne s'exerce de pressions sur ses parois qu'à mesure que les dégradations des roches, dues à l'air, à l'humidité ou aux vibrations, détachent accidentellement certaines parties de la masse. Le calcul d'une telle construction dépend évidemment de l'appréciation que l'on peut faire à l'avance des valeurs des pressions qui pourront s'exercer sur le tunnel, qui ne sert, le plus souvent en ce cas, qu'à recouvrir les roches et les empêcher de se déliter sous les influences atmosphériques.

113. *Murs de soutènement.*

Soit AB la face intérieure d'un mur destiné à soutenir des terres BLMA. Par la base A menons AM, faisant avec l'horizon un angle φ égal à l'inclinaison que prendraient les terres si elles n'étaient pas soutenues. Dans le cube ABM, des terres à soutenir, supposons qu'il se fasse une fissure plane, AX, faisant un angle α avec l'horizon; soit β l'angle du mur avec la ligne AX. Calculons quelle sera la portion ANLB ainsi détachée du prisme BMA qui effectuera sur le mur un maximum de poussée.

Soient N et fN (n° 108 *bis*) les composantes normales et parallèles de la réaction totale des terres sur le prisme qui tend à glisser sur le plan AX.

Soient Q et f'Q les réactions qu'oppose le mur; enfin, P le poids de terre du cube ANLB.

On remarquera que les coefficients f et f' sont égaux aux tangentes des angles φ et φ' de glissement (n° 108 *bis*) des terres sur elles-mêmes et sur les maçonneries.

En projetant toutes ces forces sur l'axe AX, on a, pour que l'équilibre existe

$$P \sin \alpha - f N - Q \sin \beta - f' Q \cos \beta = 0;$$

de même, en les projetant sur un axe perpendiculaire à OX,

$$N + f' Q \sin \beta - P \cos \alpha - Q \cos \beta = 0,$$

on a $\qquad f = \operatorname{tg} \varphi = \dfrac{\sin \varphi}{\cos \varphi}, \quad$ de même $\quad f' = \dfrac{\sin \varphi'}{\cos \varphi'};$

on en déduit $\qquad \dfrac{Q}{\cos \varphi'} = P \dfrac{\sin(\alpha - \varphi)}{\sin(\beta + \varphi + \varphi')} = R',$

qui représente la résultante R' des forces Q et fQ exercées par le mur.

Pour chercher le maximum de R', mettons cette expression sous une forme dont la dérivée soit facile à trouver (n° 23).

Pour cela, menons AO faisant avec AB un angle $\varphi + \varphi'$.

Ajoutons au prisme BXA un autre prisme KBA qui représente le poids de la partie BXNL, supposée enlevée. Menons XX' et KK' parallèle à AM ; enfin, AT perpendiculaire à OM.

L'angle X'XA est égal à $(\alpha - \varphi)$, l'angle $X'AX = (\beta + \varphi + \varphi')$; on a donc

$$\frac{\sin(\alpha - \varphi)}{\sin(\beta + \varphi + \varphi')} = \frac{AX'}{XX'} ;$$

de plus

$$P = \overline{KX} . \overline{AT}\, \frac{1}{2}\, \delta,$$

en appelant δ le poids du mètre cube des terres.

Par suite

$$R' = \frac{1}{2}\, \delta\, \frac{\overline{KX} . \overline{AT} . \overline{AX'}}{XX'} ;$$

mais

$$\frac{\overline{KX}}{K'X'} = \frac{OM}{AO}, \quad \text{d'où} \quad KX = \frac{\overline{K'X'} . \overline{OM}}{AO} ;$$

on a aussi

$$\frac{\overline{XX'}}{AM} = \frac{OX'}{AO}, \quad \text{d'où} \quad XX' = \frac{\overline{AM} . \overline{OX'}}{AO} .$$

Remplaçant ces deux valeurs dans l'expression de R, on obtient

$$R' = \frac{1}{2}\, \delta\, \frac{\overline{K'X'} . \overline{OM} . \overline{AT} . \overline{AX'}}{\overline{AM} . \overline{OX'}} ,$$

remarquant que $\overline{OM} . \overline{AT}$ représente la surface OMA égale à $\overline{AM} . \overline{OA} \sin OAM$, on obtient par substitution

$$R' = \frac{1}{2}\, \delta\, \frac{\overline{K'X'} . \overline{OA} . \overline{AX'} \sin OAM}{OX'} .$$

Donc si l'on appelle x la distance OX' variable avec le prisme de poussée ; si l'on pose de plus

$$OA = a, \quad OK' = k,$$

l'expression de R' devient

$$R' = \frac{1}{2}\, \delta \sin OAM\, a\, \frac{(x - k)(a - x)}{x} ;$$

le maximum de R' correspondra au maximum de $y = \dfrac{(x-k)(a-x)}{x}$;

en développant $\quad y = a + k - \dfrac{ak}{x} - x,\quad$ dont la dérivée est

$y' = \dfrac{ak}{x^2} - 1 = 0$, d'où le maximum de x ou $X = \sqrt{ak}$. On voit que X est moyenne proportionnelle entre a et k.

En substituant cette valeur, on obtient

$$y = a + k - 2\sqrt{ak},$$

d'où $\quad ay = a^2 + k^2 - 2a\sqrt{ak} = \left(a - \sqrt{ak}\right)^2 = (a - X)^2,$

l'expression de R' deviendra dès lors

$$R' = \frac{1}{2}\,\delta \sin OAM\,(a - X)^2 \qquad\qquad (1)$$

équation où tout est connu excepté R'.

On construira donc l'épure indiquée ; on aura les valeurs de a et de k, on en déduira $X = \sqrt{ak}$ servant à calculer R'.

Cherchons maintenant le point d'application de cette résultante.

On peut remarquer que les quantités a et k croissent proportionnellement avec la hauteur du mur ; il en est donc de même de $\sqrt{ak}$ et de la différence $a - \sqrt{ak}$. Mais R' croît avec le carré de cette quantité ; donc R' est proportionnel au carré de la hauteur du mur. Si l'on pose

$$R' = ch^2,$$

la poussée élémentaire sera la différentielle

$$dR' = 2ch\,dh,$$

et son moment, par rapport à B, sera

$$2c\,h^2 dh.$$

L'intégrale de cette expression est

$$\frac{2}{3}\,ch^3 = R'Z,$$

où Z représente la distance de la résultante R′ au sommet B du mur. On en conclut

$$Z = \frac{\frac{2}{3}\,ch^3}{ch^2} = \frac{2}{3}\,h\,;\qquad\qquad (2)$$

donc R′ agit au tiers de h à partir de la base.

Telle sera donc, déterminée en grandeur, direction et position, la résultante R′ des forces extérieures sur le mur.

On décomposera alors celui-ci en assises et les terres en prismes de poussée correspondants, on combinera les résultantes partielles de poussée avec les poids des assises successives du mur, et l'on déterminera ainsi pour chaque assise, comme on l'a dit au n° 108, les centres de pression dont la réunion formera la courbe de pression devant satisfaire aux conditions posées au n° 108.

Si l'affleurement des terres est horizontal au sommet du mur et si l'on néglige le frottement que le mur exerce sur les terres, on peut remarquer que

$$a = \frac{h}{\cos\varphi}\qquad \text{et}\qquad k = h\,\frac{\sin^2\varphi}{\cos\varphi}\,;$$

d'où $\qquad\qquad\qquad\qquad X = h\,\text{tang}\,\varphi\,;$

de plus $\qquad\qquad\qquad \sin OAM = 1.$

On en déduit enfin

$$R' = \frac{1}{2}\,\delta h^2 \left(\frac{1}{\cos\varphi} - \frac{\sin\varphi}{\cos\varphi}\right)^2.$$

Pour les terres fortes et denses $\delta = 2000$, $\varphi = 55°$; ce qui donne

$$R' = 90\,h^2.$$

Pour les terres humides $\delta = 1800$, $\varphi = 45°$; ce qui donne

$$R' = 165\,h^2.$$

Pour les terres sèches et les sables $\delta = 1600$, $\varphi = 35°$; ce qui donne

$$R' = 300\,h^2.$$

On verra, n⁰ 114, comment on peut déterminer directement par le calcul l'épaisseur d'un mur de soutènement, sans tracer pour cela la courbe des pressions.

114. *Culées.*

Les appuis extrêmes d'un pont se nomment *culées;* lorsque le pont a plus d'une travée, les appuis intermédiaires se nomment *piles.* On distingue plusieurs espèces de culées suivant la forme même du pont.

Ponts droits. Les culées de ces sortes de ponts sont des murs soumis à trois forces distinctes : la poussée des terres remblayées derrière eux (n° 113), une pression verticale provenant de la partie du tablier qui s'y appuie (n° 102 et les suivants), enfin leur propre poids.

Pour déterminer l'épaisseur d'une pareille culée, on peut employer la méthode générale des courbes de pression, mais ce n'est qu'une méthode de tâtonnements à laquelle on peut en ce cas substituer la méthode que nous allons exposer.

Soient P le poids du tablier par mètre de largeur reposant sur la culée.

a' la distance du centre des sabots d'appui au parement du mur.

R' la poussée des terres (n° 113) supposée normale.

R la résistance par mètre carré de maçonnerie (n° 71).

a la distance du pied de la résultante des forces énumérées précédemment au parement extérieur.

e l'épaisseur du mur ; h sa hauteur.

δ le poids du mètre cube de maçonnerie.

Supposons les deux parements du mur verticaux, et considérons les forces qui agissent sur un mètre de longueur de culée.

La résultante des forces sur la base du mur aura pour composante verticale, la somme des forces verticales et en supposant (n° 108) que cette pression se répartit sur une largeur $2a$, on aura

$$P + eh\delta = 2Ra,$$

on en déduit
$$a = \frac{P + eh\delta}{2R}.$$

De plus, la somme des moments des forces par rapport au point O sera nulle

$$eh\delta \left(\frac{e}{2} - a \right) + \mathrm{P}(a' - a) - \mathrm{R}' \frac{h}{3} = 0.$$

En remplaçant dans cette formule a par sa valeur, on en déduit

$$e^2 \left(\frac{h\delta}{2} - \frac{h^2\delta^2}{2\mathrm{R}} \right) + e \left(\frac{-h\delta\mathrm{P}}{\mathrm{R}} \right) + \mathrm{P}a' - \frac{\mathrm{P}^2}{2\mathrm{R}} - \mathrm{R}' \frac{h}{3} = 0 ;$$

d'où

$$e = \frac{\mathrm{P}}{\mathrm{R} \left(1 - \frac{h\delta}{\mathrm{R}} \right)} + \sqrt{ \frac{\mathrm{P}^2}{\mathrm{R}^2 \left(1 - \frac{h\delta}{\mathrm{R}} \right)^2} + \frac{\dfrac{\mathrm{P}^2}{\mathrm{R}} + \dfrac{2\mathrm{R}'h}{3} - 2\mathrm{P}a'}{h\delta \left(1 - \frac{h\delta}{\mathrm{R}} \right)} }.$$

On voit d'après cette formule qu'il convient, pour la stabilité de la culée, de faire a' le plus grand possible. Si a' est plus petit que a, le moment de P est négatif; on doit donc, en ce cas, donner à P le signe — dans la formule qui donne l'épaisseur e.

Application. Soit $h = 6^m$; $\delta = 2000$; $\mathrm{P} = 10000$; $\mathrm{R} = 150000$; $\mathrm{R}' = 300h^2 = 10800$ (n° 113); $a' = 0,30$.

On aura

$$e = 0,0877 + \sqrt{ 0,007691 + \frac{55860}{9120} } = 2^m,564,$$

si la poussée R' était nulle, on trouverait $e = 1,26$.

Si dans cette formule on fait $\mathrm{P} = 0$, la culée est un simple mur de soutènement, et l'on a

$$e = \sqrt{ \frac{2\mathrm{R}'}{3\delta \left(1 - \frac{h\delta}{\mathrm{R}} \right)} }.$$

La résistance de la maçonnerie ainsi que la densité de la pierre, entrant en dénominateur dans tous les termes de l'expression de e, on voit, et cela est évident *à priori*, que l'épaisseur ainsi calculée sera d'autant plus petite que la résistance de la pierre employée et que sa densité seront grandes. Cette formule est donc tout à fait générale et s'applique à tous les cas qui peuvent se présenter, puisqu'elle renferme chacune des quantités qui varient dans les applications.

La très-grande variation d'épaisseur résultant de la variation de R' rend utiles des expériences directes sur l'angle de glissement des terres remblayées derrière les culées.

Lorsque la culée ne doit pas avoir la même épaisseur du haut en bas, on la suppose construite par redans, et l'on calcule d'abord l'épaisseur de la partie supérieure en prenant pour h la hauteur de cette partie. La portion qui est située au-dessous se calcule en prenant pour valeur de P la résultante à la base de la première partie calculée, et pour a' la distance du pied de cette résultante au parement extérieur du mur. On procède ainsi jusqu'à la base de la culée entière.

Les murs latéraux des culées (murs en retour ou murs en aile) sont de véritables murs de soutènement et par suite se calculent comme tels (n° 113).

Ponts en arcs. Dans ces sortes de ponts l'action du tablier devient la résultante P des actions de la voûte au droit de la culée et peut se décomposer en deux, l'une horizontale Q, l'autre verticale S (on a vu, n°s 105, 109, comment on détermine cette résultante).

Généralement la résultante à la base de la culée passe près du parement intérieur et l'on a, par un raisonnement analogue à celui du cas précédent

$$S + eh\delta = 2Ra, \quad \text{d'où} \quad a = \frac{S + eh\delta}{2R},$$

puis
$$eh\delta\left(\frac{e}{2} - a\right) + S(e - a) + \frac{R'h}{3} - Qh' = 0,$$

en appelant h' la distance de la composante Q à la base de la culée; h représente en ce cas la hauteur propre du mur, plus le remblais supérieur et la surcharge réduits à la densité de la maçonnerie (n° 109).

Des équations précédentes, on déduit

$$e^2\left(\frac{h\delta}{2}-\frac{h^2\delta^2}{2\mathrm{R}}\right)+e\left(\mathrm{S}-\frac{h\delta\mathrm{S}}{2}\right)-\frac{\mathrm{S}^2}{2\mathrm{R}}+\frac{\mathrm{R}'h}{3}-\mathrm{Q}h'=0,$$

d'où

$$e=\frac{\mathrm{S}}{\delta h}+\sqrt{\frac{\mathrm{S}^2}{\delta h^2}+\frac{\dfrac{\mathrm{S}^2}{\mathrm{R}^2}-\dfrac{2\mathrm{R}'h}{3}+2\mathrm{Q}h'}{h\delta\left(1-\dfrac{h\delta}{\mathrm{R}}\right)}}\,.$$

On peut remarquer que le terme en R' est négatif, c'est-à-dire que l'épaisseur de la culée est d'autant plus petite que la poussée des terres est grande, lorsque toutefois la résultante à la base passe du côté du parement intérieur.

Quand le point O est situé en O' du côté du parement extérieur, ce qui a lieu lorsque la hauteur h est grande ou que les terres poussent beaucoup, c'est que la courbe des pressions qui s'est dirigée d'abord vers l'intérieur revient sur elle-même, et il convient alors de déterminer le maximum des épaisseurs du mur données par la formule précédente entre divers points de sa hauteur entre la retombée de la voûte et la base de la culée ; puis de calculer par les formules suivantes l'épaisseur à la base.

La résultante à la base passant près du parement extérieur, on a

$$eh\delta\left(\frac{e}{2}-a\right)+\mathrm{Q}h'-\mathrm{S}a-\mathrm{R}'\frac{h}{3}=0.$$

La valeur de a restant la même que précédemment, on en conclut

$$e^2\left(\frac{h\delta}{2}-\frac{h^2\delta^2}{2\mathrm{R}}\right)-e\left(\frac{\mathrm{S}h\delta}{\mathrm{R}}\right)+\mathrm{Q}h'-\frac{\mathrm{S}^2}{2\mathrm{R}}-\mathrm{R}'\frac{h}{3}=0\,,$$

d'où

$$e=\frac{\mathrm{S}}{\mathrm{R}-\delta h}+\sqrt{\frac{\mathrm{S}^2}{(\mathrm{R}-\delta h)^2}+\frac{\mathrm{S}^2+2\mathrm{R}\left(\dfrac{\mathrm{R}'h}{3}-\mathrm{Q}h'\right)}{h\delta(\mathrm{R}-h\delta)}}\,.$$

On peut remarquer qu'en ce cas c'est la composante horizontale Q des pressions aux naissances qui est favorable à la résistance de la culée.

Ces formules s'appliquent également aux culées des ponts en plein cintre, en arc de cercle et en anse de panier, car nous n'avons fait aucune hypothèse particulière sur la résultante P qui représente en tous les cas la résultante des pressions de la voûte au droit de la culée.

Ponts suspendus. — Le massif d'amarrage devra être tel que la traction T_B (n° 106), transmise en A par la chaîne de retenue, soit égale à la projection, dans sa direction du N poids du massif AA′BB′. Le poids de ce massif est $ehl\delta$,

de plus $$l = h\,\mathrm{tg}\,\alpha,$$

d'où $$T_B = eh^2\delta\,\mathrm{tg}\,\alpha\cos\alpha = eh^2\delta\sin\alpha,$$

relation qui permettra de calculer, soit l'épaisseur e du mur, soit la profondeur h du puits d'amarrage.

Il faut de plus que la résultante du poids total P de la culée et de la tension T_B passe dans la base de la culée en un point O tel que la pression sur l'arête extérieure C satisfasse aux conditions du n° 108. La partie ED se calcule comme une pile.

L'usage des ponts suspendus devenant plus rare de jour en jour, nous n'insisterons pas davantage sur ce chapitre, la méthode générale des courbes de pression (n° 108) permettant d'ailleurs de résoudre complétement la question d'équilibre et de résistance de toutes les parties des culées de ce genre.

115. *Piles.* Le cas le plus défavorable à l'équilibre d'une pile est celui d'un pont en arc où l'une des travées du pont est surchargée, tandis que l'autre ne l'est pas. Les résultantes de pression se coupent en ce cas sur l'axe de la pile à une hauteur h' au-dessus de la base.

Soit Q_1 la différence des composantes horizontales de ces deux forces, une travée étant chargée, l'autre ne l'étant pas.

Soit S_1 la somme de leurs composantes verticales; le point O étant évidemment du côté de la travée non surchargée, on a par analogie avec ce qui a été dit pour les culées

$$2Ra = S_1 + eh\delta,$$

$$e\delta h\left(\frac{e}{2} - a\right) + S_1\left(\frac{e}{2} - a\right) - Q_1 h' = 0,$$

d'où

$$e^2\left(\frac{\delta h}{2} + \frac{\delta^2 h^2}{2R}\right) + e\left(\frac{-\delta h S_1}{R} + \frac{S_1}{2}\right) - \frac{S_1^2}{2R} - Q_1 h' = 0,$$

on en déduit en posant

$$n = \frac{R(1 - \delta h)}{2\delta h(R + \delta h)} \quad \text{et} \quad m = \delta h\left(1 + \frac{\delta h}{R}\right),$$

$$e = -S_1 n + \sqrt{S_1^2 n^2 + \frac{1}{m}\left(\frac{S_1^2}{R} + 2Q_1 h'\right)}.$$

Pour les ponts suspendus $h = h'$.

Dans les ponts droits il n'y a pas de poussée horizontale, et l'épaisseur de la pile est donnée par la relation du n° 62.

Soit P l'action des poutres sur la pile (n° 103 et 104), on a

$$P + eh\delta = eR,$$

d'où

$$e = \frac{P}{R - h\delta}.$$

116. *Des fondations.* On conçoit que la résistance que présentent les terrains variant dans de très-grandes limites avec la nature de ceux-ci, il convient de faire toujours des expériences directes pour déterminer le maximum de charge qu'ils peuvent supporter par mètre superficiel, et de prendre pour coefficient pratique de résistance un dixième de cette charge. Le coefficient étant déterminé, la largeur de base d'une fondation se déterminera de la même manière qu'une assise de maçonnerie (n° 108) en ayant égard : 1° à la résistance ; 2° au glissement.

Quand le terrain est peu solide, on fait reposer les fondations sur des couches inférieures plus résistantes par l'intermédiaire de pieux ou pilotis.

Il convient de faire supporter aux pieux en bois de 50$^{kil.}$ à 70$^{kil.}$ par centimètre carré, ce qui correspond à R = 500 000 à 700 000.

En appelant D le diamètre des pieux que l'on veut employer, Ω la section de chacun d'eux, n leur nombre, et P le poids total à supporter, on aura

$$n\Omega R = n \frac{1}{4} \pi D^2 R = P \quad \text{d'où} \quad n = \frac{4P}{\pi D^2 R}.$$

Tel sera le nombre de pieux dont on devra faire usage.

Lorsque les pieux sont des tubes creux en fonte, il convient de prendre R = 2 000 000 à 3 000 000, et l'on a en appelant D′ le diamètre intérieur du tube

$$n = \frac{4P}{\pi(D^2 - D'^2)R}.$$

La même formule donnerait D′ connaissant n et D.

Lorsque les tubes doivent de plus supporter une pression d'eau, on doit les calculer comme les réservoirs (n° 87).

CHAPITRE II.

BÂTIMENTS CIVILS.

117. *Planchers.* Les planchers sont les parties destinées à séparer les divers étages d'un édifice. Ils se composent généralement de trois parties distinctes : 1° *Une partie résistante* reposant sur les murs de l'édifice; c'est celle que nous étudierons en détail; 2° *Un parquet* ou carrelage placé sur la première partie; 3° *Un plafond* adapté sous les deux autres.

La partie résistante ou charpente du plancher est formée de pièces qui portent des noms spéciaux suivant leur destination.

Les *poutres* sont des pièces employées dans les planchers lorsque les espaces à recouvrir sont très-grands, elles servent à diviser ces espaces en un certain nombre de parties sur lesquelles on forme des planchers analogues à ceux des édifices de plus petite dimension. Les *solives* sont, dans les planchers de petite dimension, des pièces reposant à leurs deux extrémités sur les murs; dans les planchers de grande dimension elles reposent sur les poutres. Ces pièces sont en général assez rapprochées les unes des autres.

Lorsque l'on est forcé de ménager une ouverture dans le plancher pour le passage d'un escalier ou d'une cheminée, les solives qui correspondent à ces espaces ne peuvent se continuer jusqu'au mur voisin, elles reposent alors sur une pièce parallèle au mur et appelée *chevêtre*. Les solives sur lesquelles repose le chevêtre prennent le nom de *solives d'enchevêtrure*. Pour ne pas diviser les murs en y encastrant les solives, ou adapte souvent contre ceux-ci au moyen de corbeaux en fer une pièce dite *lambourde* sur laquelle viennent s'assembler les abouts des solives.

Poutres. De même que pour les ponts, la méthode de calcul consiste à opérer par fausse position c'est-à-dire à supposer connu le poids du plancher construit et de sa surcharge additionnelle d'épreuve, puis de vérifier si les dimensions adoptées satisfont aux conditions de résistance.

Nous supposerons toujours les pièces composant les planchers comme posées simplement sur leurs appuis extrêmes.

Examinons successivement les diverses conditions de charge dans lesquelles une poutre peut être placée :

1° Les solives y reposent des deux côtés et sont également espacées les unes des autres. On peut alors considérer la poutre AB comme uniformément chargée.

Si l'on appelle a sa portée, b la longueur de l'espace que la poutre divise, p le poids par mètre superficiel du plancher et de sa surcharge d'épreuve, on aura pour expression du maximum du moment fléchissant d'après le n° 77 *ter*, et en remarquant que le poids uniformément réparti sur la poutre est ici $\dfrac{pb}{2}$ par mètre cou-

rant
$$\mu = \frac{pba^2}{16}.$$

Or d'après le n° 63 équation (4 *ter*)

$$I = \frac{v\mu}{R} \quad \text{d'où} \quad \frac{I}{v} = \frac{\mu}{R}.$$

En remplaçant dans cette formule μ par sa valeur, R par la valeur donnée au n° 70, on aura $\frac{I}{v}$. Les tableaux des moments d'inertie calculés à la fin de cet ouvrage permettront de choisir une poutre dont les dimensions soient telles que $\frac{I}{v}$ soit égal au quotient $\frac{\mu}{R}$.

Exemple : Soit $a = 5^m$; $b = 8^m$; $p = 400^{kil.}$. On aura $\mu = 5\,000$; R $= 700\,000$ pour le chêne, d'où $\frac{\mu}{R} = 0,007143$.

Si l'on suppose une poutre équarrie on voit que la valeur de $\frac{\mu}{R} = 0,007143$ égale à $\frac{I}{v}$ est comprise entre les valeurs de $\frac{I}{v}$ des poutres de 0,34 et 0,35.

La poutre de 0,35 est donc celle qu'il faut employer en ce cas.

2° Les solives ne reposent directement que d'un côté de la poutre A'B', de l'autre elles reportent tout leur poids en deux points fixes de la poutre par l'intermédiaire de deux enchevêtrures.

Si les deux enchevêtrures sont également éloignées du milieu de la poutre, il y a symétrie par rapport à ce milieu, le moment fléchissant y est un maximum. En appelant p le poids uniformément réparti provenant des solives perpendiculaires à la poutre, P le poids agissant au point d'assemblage du chevêtre, l la distance du chevêtre au milieu de la poutre; on remarquera que la réaction du mur sera $\frac{pa + P}{2}$ et le moment fléchissant au milieu de la poutre sera par suite

$$\mu = \left(\frac{pa + P}{2}\right) \frac{a}{2} - \left(\frac{pa^2}{8} + Pl\right),$$

ou bien
$$\mu = \frac{pa^2}{8} + P\left(\frac{a}{4} - l\right).$$

On calculera comme précédemment $\frac{\mu}{R}$ et l'on choisira aux tableaux numériques la poutre dont la valeur de $\frac{I}{v}$ est la plus rapprochée de celle ainsi calculée.

3° La poutre supporte un nombre quelconque de solives et de chevêtres en des points quelconques.

Soient P_1, P_2, P_3, ...; les poids agissant sur la poutre à des distances l_1, l_2, l_3, ..., d'une de ses extrémités A′.

La réaction P de l'appui à l'autre extrémité B′ sera donnée par la relation de statique des moments pris autour de A′

$$Pa = P_1 l_2 + P_2 l_2 + \ldots,$$

d'où l'on tirera la valeur de P.

On calculera ensuite le moment fléchissant pour tous les points où agissent les solives et les chevêtres, on aura

$$\mu_1 = P(a - l_1) - [P_2(l_2 - l_1) + P_3(l_3 - l_1) + \ldots]$$
$$\mu_2 = P(a - l_2) - [P_3(l_3 - l_2) + P_4(l_4 - l_2) + \ldots]$$
$$\cdots\cdots\cdots\cdots\cdots\cdots\cdots\cdots\cdots\cdots\cdots$$

La plus grande valeur ainsi trouvée sera celle qui, divisée par R, donnera un quotient égal à $\frac{I}{v}$, et permettra de choisir la poutre convenable. Pour abréger ces calculs, on calculera d'abord le moment du point le plus rapproché du milieu de la poutre, puis le moment du point voisin à droite; par exemple; si ce moment est plus grand que le précédent; on calculera ceux des autres points du même côté jusqu'à ce qu'on arrive à un moment plus petit que le dernier calculé: Ce dernier sera le maximum cherché. Si le premier point à droite donne un moment plus petit que le point le plus près du milieu, on calculera immédiatement le premier point à gauche et les suivants, jusqu'à ce qu'on obtienne un moment plus petit que le dernier calculé. Ce dernier sera le maximum cherché: Enfin, si le premier point à droite et le premier point à gauche donnent des moments plus petits que le moment fléchissant au point le plus voisin du milieu de la pièce, c'est en ce dernier point qu'est le maximum cherché.

Solives. Ces pièces sont toujours chargées d'un poids uniformément réparti. Si l'on désigne par b' la distance mn entre les deux solives voisines de la solive DE que l'on calcule ; par a' sa portée, par p le poids de charge et de surcharge d'un mètre superficiel de plancher, on aura pour maximum de moment fléchissant

$$\mu = \frac{pb'a'^2}{16}$$ comme pour le premier cas considéré pour les poutres.

La détermination des dimensions des solives se fait aussi de la même manière.

Chevêtres. Ces pièces se trouvent dans le troisième cas considéré pour les poutres, mais le nombre des points d'application des solives se trouvant d'ordinaire restreint, la recherche du maximum du moment fléchissant devient beaucoup moins longue. Elle se fait du reste de la même manière, ainsi que la détermination des dimensions des pièces.

Solives d'enchevêtrure. Ces pièces sont chargées d'un poids uniformément réparti et d'un poids en un point déterminé. En appelant l' la distance du chevêtre au mur, et P_1 le poids que le chevêtre transmet à la solive, on a l'équation du moment autour du point C

$$Pa = P_1 l' + \frac{pa^2}{2},$$

où P désigne la réaction à l'autre extrémité D de la solive.

On calculera ainsi la valeur de cette réaction, et en appelant x la distance d'un point de la pièce au point D, le moment fléchissant pour un point entre D et le chevêtre sera exprimé par

$$\mu = Px - p\frac{x^2}{2}.$$

On peut calculer directement le point où ce moment sera maximum. On a en effet

$$(1) \qquad \mu = \frac{P_1 l}{a} x + \frac{pa}{2} x - \frac{p}{2} x^2,$$

dont la dérivée est

$$\frac{d\mu}{dx} \qquad \text{où} \qquad \mu' = \frac{P_1 l}{a} + \frac{pa}{2} - px.$$

Quand cette dérivée est nulle $x = \dfrac{P_1 l}{pa} + \dfrac{a}{2}$, c'est à ce point que correspond le maximum de μ (Voir n° 23). On calcule donc ainsi x, puis μ, qu'on déduit de l'équation (1).

On divise ensuite μ par R, et la détermination des dimensions de la pièce se fait comme il a été dit pour les poutres.

Dans ces calculs on peut admettre les chiffres suivants sur la valeur des charges et des surcharges pour les planchers en fer et en bois des maisons d'habitation.

Poids du mètre superficiel de plancher	200^k
Surcharge par mètre carré	150
Poids total par mètre superficiel	$p = 350^k$.

Accidentellement un plancher peut avoir à supporter par mètre carré quatre personnes de 75^k chacune ou 300^k, mais ce cas arrive très-rarement, et alors les encastrements dans les murs et ceux des pièces les unes dans les autres (encastrements supposés nuls dans les calculs précédents), constituent des conditions favorables à la résistance et permettent de ne pas faire cette hypothèse particulière dans le calcul des pièces d'un plancher.

Pour les magasins à blé, la surcharge se compose de $0^m,60$ de blé pesant 750^k le mètre cube, ce qui donne par mètre superficiel 450^k; le poids du plancher étant lui-même de 150^k (ces planchers n'étant généralement pas hourdés).

La charge totale par mètre carré est donc $p = 600^k$.

113. *Combles.* On donne le nom de *combles* aux parties supérieures d'un édifice destinées à préserver de la pluie les parties inférieures.

Ils se composent comme les planchers de trois parties : 1° *une partie résistante* s'appuyant sur les murs de l'édifice; c'est celle que nous étudierons en détail; 2° *une couverture* posée sur la première partie; 3° *plafond et lambris* adaptés sur les deux autres.

La partie résistante est formée de pièces qui portent des noms spéciaux suivant leur destination.

On appelle *arbalétriers,* les pièces obliques dirigées suivant la pente du comble ; *tirant*, une pièce horizontale reliant entre elles les parties inférieures des arbalétriers ; *poinçon*, une pièce verticale reliant la partie supérieure des arbalétriers au milieu du tirant ; les arbalétriers sont reliés au poinçon par les *contrefiches* ; au tirant par les *jambes de force ou jambettes* ; aux contrefiches par les *aisseliers* ; enfin aux jambes de force par les *blochets*.

Cet ensemble complet ou non de pièces toutes dans un même plan vertical prend le nom de *ferme*.

Un comble se compose généralement de plusieurs fermes parallèles ; ces fermes sont reliées entre elles par des pièces horizontales dites *pannes*, sur lesquelles on place parallèlement aux arbalétriers d'autres pièces appelées *chevrons* qui portent la couverture proprement dite.

La panne située au sommet des arbalétriers s'appelle *faîtage* ; la panne située à leur partie inférieure s'appelle *sablière*.

Les fermes se divisent au point de vue de la résistance, en plusicurs systèmes suivant le nombre des pièces qui les composent ; nous étudierons les systèmes les plus usités.

Calcul des pannes.

Quel que soit le système de ferme, les pannes sont toujours situées dans les mêmes conditions de résistance. On peut les considérer comme pièces simplement posées à leurs extrémités sur deux fermes voisines.

En appelant a' la distance de deux fermes, b la distance de deux pannes entre elles (si elles sont également espacées), ou bien la moitié de la distance qui sépare les deux pannes voisines de celle à calculer (si elles sont inégalement espacées), p le poids du mètre superficiel de couverture, on aura pour expression du moment fléchissant maximum au milieu de la pièce

$$\mu = \frac{pa'^2 b}{16}.$$

On sait (n° 63, équation 4 *ter*) que

$$\frac{I}{v} = \frac{\mu}{R},$$

donc en divisant par R (n° 70) la valeur calculée de μ, on aura un quotient qui devra être égal à $\dfrac{1}{v}$; les tables numériques qui terminent cet ouvrage permettront de choisir la pièce qui satisfait à cette condition.

119. *Ferme composée de deux arbalétriers avec ou sans tirant.*

1° *Arbalétriers.* Les forces qui agissent sur un arbalétrier sont: 1° le poids de la couverture ; 2° les réactions en A provenant de l'autre arbalétrier; 3° les réactions en B provenant du mur et du tirant. Pour que l'arbalétrier soit en équilibre sous l'action de ces forces, on aura (n° 59) la relation des moments par rapport au point B, en appelant P la résultante des poids de la couverture (cette résultante passe généralement au milieu de l'arbalétrier); $2a$ la portée de la ferme, Q la réaction en A (cette réaction est horizontale à cause de la symétrie de la figure. Voir n° 109), h la hauteur du comble

$$P\,\frac{a}{2} = Qh, \qquad \text{d'où} \qquad Q = P\,\frac{a}{2h}.$$

D'après la notation du n° 119, et en appelant l la longueur de l'arbalétrier, on peut remarquer que

$$P = pa'l, \qquad \text{d'où} \qquad Q = \frac{paa'l}{2h}.$$

Si l'on décompose Q en deux forces, l'une N_1 parallèle à l'arbalétrier, l'autre S_1 perpendiculaire, on aura à cause de la similitude

des triangles $\qquad \dfrac{N_1}{Q} = \dfrac{a}{l}, \qquad$ d'où $\qquad N_1 = Q\,\dfrac{a}{l},$

de même $\qquad\qquad\qquad S_1 = Q\,\dfrac{h}{l}.$

Toutes les forces étant ainsi calculées, déterminons la section de l'arbalétrier en son milieu E, point pour lequel le moment fléchissant est maximum.

Décomposons pour cela la résultante $\dfrac{P}{2}$ au point F des poids de la partie EA en deux N_2 et S_2, on aura

$$N_2 = \frac{Ph}{2l} \quad \text{et} \quad S_2 = \frac{Pa}{2l}.$$

Le moment fléchissant en E sera donc

$$\mu = S_1 \frac{l}{2} - S_2 \frac{l}{4},$$

que l'on peut ainsi calculer.

La force normale à la section sera

$$N = -(N_1 + N_2),$$

l'équation (4) $R = \frac{v\mu}{I} - \frac{N}{\Omega}$ du n°. 63 permettra donc de choisir une section telle que la valeur de R soit au plus égale à la valeur indiquée au n° 70.

Pour abréger les tâtonnements de cette méthode, on peut remarquer, en remplaçant S_1 et S_2 par leurs valeurs en fonctions de Q et de P, puis en fonction de p, que l'on a

$$\mu = \frac{paa'l}{8} = \frac{pa'l}{2}\left(\frac{a}{4}\right);$$

de même

$$N = -\frac{pa'l^2}{2h} = -\frac{pa'l}{2}\left(\frac{l}{h}\right);$$

on en déduit

$$N = -\mu\frac{4l}{ah};$$

ce qui donne

$$R = \mu\left(\frac{v}{I} + \frac{4l}{ah\Omega}\right);$$

d'où

$$\frac{R}{\mu}, \quad \text{ou bien} \quad \frac{8R}{paa'l} = \frac{v}{I} + \frac{\Omega}{I}\left(\frac{4l}{ah}\right). \qquad (1)$$

Le premier membre de cette équation est connu, ainsi que le facteur entre parenthèses du second terme du second membre.

On peut voir qu'en appelant A ce facteur $\left(\dfrac{4\,l}{ah}\right)$, on a successive-

ment pour

$h =$	$\frac{1}{4}a$	$\frac{1}{3}a$	$\frac{1}{2}a$	$\frac{4}{6}a$	$\frac{5}{6}a$	a
$A =$	$16,18\frac{1}{a}$	$12,63\frac{1}{a}$	$8,94\frac{1}{a}$	$7,20\frac{1}{a}$	$6,24\frac{1}{a}$	$5,65\frac{1}{a}$

(On calculera facilement A pour d'autres valeurs de h.)

En appelant B le premier membre connu de l'équation (1), cette équation prend enfin la forme très-simple

$$B = \frac{v}{I} + \frac{A}{\Omega}.$$

APPLICATION. — 1er *Exemple.* Soit un comble pesant 100 kilog. par mètre superficiel. Soit la demi-portée $a=6$ mètres; la distance entre deux fermes $a'=3$ mètres; R $=700000$ si le comble est en bois.

Soit $\qquad h = \frac{a}{2}$, d'où $\quad l = a \times 1,58$;

on a $\qquad \dfrac{8R}{paa'l} = 329$;

de plus $\qquad A = \dfrac{8,94}{6} = 1,49$;

d'où $\qquad 329 = \dfrac{v}{I} + \dfrac{1,49}{\Omega}$.

Supposons que l'on veuille employer une pièce équarrie; celle de 0,27 sur 0,27 donne

$$\frac{v}{I} = 300 \qquad \text{et} \qquad \frac{1,49}{\Omega} = 20. \qquad \text{Total.} \quad 320.$$

La pièce équarrie de 0,26 sur 0,26 donne

$$\frac{v}{I} = 340 \qquad \text{et} \qquad \frac{1,49}{\Omega} = 20. \qquad \text{Total.} \quad 360.$$

La pièce cherchée est donc comprise entre ces deux pièces et l'on adoptera la dimension 0,27 sur 0,27.

On opérerait d'une manière analogue pour une pièce non équarrie.

2ᵉ *Exemple*. Soit un comble en fer pesant 75 kilog. le mètre superficiel. Soit

$$a = 10 \text{ mètres}; \ a' = 4 \text{ mètres}; \ \mathrm{R} = 6000000; \ h = \frac{a}{4};$$

d'où
$$l = a \times 1,03.$$

On a $\quad \dfrac{8\mathrm{R}}{paa'l} = 1553; \quad$ de plus $\quad \mathrm{A} = \dfrac{16,18}{10} = 1,618;$

d'où
$$1553 = \frac{v}{\mathrm{I}} + \frac{1,618}{\Omega}.$$

Une des formes double T (forge de la Providence) donne

$$\frac{v}{\mathrm{I}} = 1360 \quad \text{et} \quad \frac{1}{\Omega} = 95;$$

d'où
$$1,618 \, \frac{1}{\Omega} = 154;$$

or, on a
$$1360 + 154 = 1514;$$

donc ce fer, haut de $0^\mathrm{m},30$, dont l'âme est épaisse de 0,016, et dont les semelles sont larges de 0,12 et épaisses chacune de 0,018, convient dans ce cas.

On peut remarquer que le terme $\dfrac{\mathrm{A}}{\Omega}$ est presque toujours beaucoup plus que petit $\dfrac{v}{\mathrm{I}}$, de sorte que le premier membre $\mathrm{B} = \dfrac{8\mathrm{R}}{paa'l}$ étant calculé, il suffit de choisir dans le petit nombre des fers dont la valeur de $\dfrac{v}{\mathrm{I}}$ se rapproche de B, celui qui satisfait à la relation

$$\mathrm{B} = \frac{v}{\mathrm{I}} + \mathrm{A} \, \frac{1}{\Omega};$$

ce qui abrége de beaucoup les tâtonnements.

Si les pannes sont inégalement distantes et que l'on ne puisse par conséquent supposer le poids de la couverture uniformément réparti sur l'arbalétrier, la méthode est la même, le détail du calcul seul diffère du cas traité précédemment.

En effet, si l'on appelle $\Sigma M_{B} P$ la somme algébrique des moments par rapport au point B de chacun des poids agissant sur les arbalétriers, par l'intermédiaire des pannes, on aura

$$\Sigma M_{B} P = Qh;$$

on calculera ainsi Q.

On décomposera, comme précédemment, Q en deux, et l'on aura

$$N_1 = Q \frac{a}{l} \qquad et \qquad S_1 = Q \frac{h}{l}.$$

La section en un point quelconque sera toujours donnée par la relation

$$R = \frac{v\mu}{I} - \frac{N}{\Omega},$$

où μ est la somme des moments autour du point considéré de la composante S_1 et de chacun des poids agissant sur les pannes comprises entre l'extrémité supérieure A et le point considéré, et $-N$ est égal à la somme des projections sur la direction de l'arbalétrier des forces dont μ est le moment.

En opérant comme il a été dit (n° 118, 3°), on peut connaître approximativement le point le plus fatigué de la pièce. Pour ce point, on calcule dès lors μ et N, et l'équation précédente devient, en divisant tous les termes par μ

$$\frac{R}{\mu} = \frac{v}{I} - \frac{N}{\mu} \frac{1}{\Omega}.$$

En appelant B′ et A′ les termes $\frac{R}{\mu}$ et $\frac{N}{\mu}$ que nous savons calculer, on a encore l'équation très-simple

$$B' = \frac{v}{I} - A' \frac{1}{\Omega},$$

au moyen de laquelle on détermine, comme précédemment, la pièce qu'il convient d'employer.

Tirant. Cette pièce est soumise à deux sortes de force : 1° Son poids propre, plus, en certains cas, le poids d'un plancher et de sa surcharge ; 2° les actions des pieds des arbalétriers. Les premières forces se déterminent comme on l'a dit pour les planchers.

Pour déterminer les deuxièmes, écrivons qu'un arbalétrier étant en équilibre sous l'action du poids qu'il supporte et des réactions du tirant, la somme des moments de ces forces par rapport au point A est nulle.

Décomposons d'abord en deux, l'une Q' horizontale, l'autre S' verticale, la réaction inconnue du point B.

On aura

$$P\,\frac{a}{2} + Q'h - S'a = 0;$$

de plus, la réaction unique au sommet du comble étant horizontale, on a, en projetant sur un axe vertical les forces qui sollicitent l'arbalétrier, la relation d'équilibre

$$S' = P,$$

et l'équation précédente devient

$$Q'h - P\,\frac{a}{2} = 0, \quad \text{d'où} \quad Q' = P\,\frac{a}{2h};$$

or, on a vu précédemment que

$$P = paa'l,$$

d'où

$$Q' = \frac{pa^2a'l}{2h} = Q.$$

Pour les tirants en fer, ne supportant pas de plancher, on peut généralement négliger l'effet de flexion produit par leur propre poids et les considérer comme des tiges soumises simplement à l'extension ; on a alors (n° 61)

$$\Omega R = Q = \frac{pa^2a'l}{2h};$$

si la section est un cercle de rayon r

$$\Omega = \pi r^2 \, ;$$

ce qui donne $\quad \pi r^2 \mathrm{R} = \dfrac{pa^2 a'l}{2h}, \quad$ d'où $\quad r = \sqrt{\dfrac{pa^2 a'l}{2h\pi\mathrm{R}}},$

est le rayon de la section qu'il convient d'employer.

Pour les tirants en bois, l'effet de flexion n'est plus négligeable.

Le poids de la pièce par mètre courant est exprimé par

$$a_1 \, b_1 \, \delta,$$

en appelant a_1 sa largeur, b_1 sa hauteur et δ le poids du mètre cube de bois.

Si nous remarquons de plus que la portée de la pièce est $2a$, le moment fléchissant au milieu est maximum et exprimé par (n° 77 *ter*)

$$\mu = \frac{a_1 b_1 \delta \, 4a^2}{8}.$$

En choisissant d'avance un certain rapport entre a_1 et b_1, on peut écrire

$$b = \mathrm{K}a,$$

ce qui donne $\qquad \mu = \dfrac{1}{2}\, \delta a^2 \mathrm{K} a_1{}^2,$

désignant par μ_1 le produit de $\dfrac{1}{2}\, \delta a^2 \mathrm{K}$, l'équation générale de résistance devient

$$\mathrm{R} = \frac{v\mu_1 a_1{}^2}{\mathrm{I}} - \frac{\mathrm{N}}{\Omega} = \frac{v}{\mathrm{I}}\, \mu_1 a_1{}^2 + \frac{pa'a^2l}{2h\Omega};$$

remarquant enfin que

$$\Omega = a_1 b_1 = \mathrm{K}a_1{}^2,$$

et $\qquad \dfrac{v}{\mathrm{I}} = \dfrac{6}{a_1 b_1{}^2} = \dfrac{6}{\mathrm{K}^2 a_1{}^3};$

on a $\qquad \mathrm{R} = \dfrac{6}{\mathrm{K}^2 a_1}\, \mu_1 + \dfrac{pa'a^2l}{2h\mathrm{K}a_1{}^2},$

équation où a_1 est la seule inconnue; on en déduit

$$a_1 = \frac{+\, 3\delta a^2}{2KR} \pm \sqrt{\frac{9\delta^2 a^4}{4K^2R^2} + \frac{pa'a^2l}{2hKR}}.$$

On peut ainsi calculer directement la largeur a_1 de la section rectangulaire du tirant en fonction des diverses dimensions du comble.

Remarque. —— Le radical doit toujours être pris avec le signe plus, la valeur de a_1 ne pouvant être négative.

Si le tirant est destiné à supporter un plancher de poids p' par mètre superficiel, le poids par mètre courant de tirant sera $p'a'$, et le moment fléchissant au milieu sera

$$\mu = \frac{p'a'a^2}{8};$$

or

$$N = -\frac{pa^2a'l}{2h};$$

comme précédemment, on a donc

$$R = \frac{vp'a'a^2}{8I} + \frac{pa^2a'l}{2h\Omega};$$

ou bien

$$\frac{8R}{p'a'a^2} = \frac{v}{I} + \frac{4pl}{p'h}\frac{1}{\Omega}$$

en calculant $\dfrac{8R}{p'a'a^2}$ et le désignant par B'', en calculant de même $\dfrac{4pl}{p'h}$ et le désignant par A'', l'équation prend la forme

$$B'' = \frac{v}{I} + A''\frac{1}{\Omega},$$

ce qui permet de calculer le tirant de la même manière qu'on l'a vu pour les arbalétriers au moyen des tableaux numériques.

Si la ferme n'a pas de tirant, ce sont les murs qui doivent équilibrer l'action horizontale des arbalétriers, Nous verrons plus loin comment on calcule ces murs.

120. *Ferme composée de deux arbalétriers, un tirant et un poinçon.*

Le poinçon supporte le tirant en son milieu. Celui-ci étant dès lors une pièce posée sur 3 appuis, on sait (78 *bis*) que ces appuis extrêmes supportent chacun $\dfrac{3}{8}$ de la charge totale, donc l'appui du milieu (ici c'est le poinçon) en supportera le quart. Désignons par P′ le quart de poids du tirant, plus le poids propre du poinçon, plus le poids du faîtage.

Chaque arbalétrier sera soumis à son extrémité supérieure à une force verticale égale à $\dfrac{P'}{2}$.

Si P est le poids d'un arbalétrier et de sa charge, la somme des moments des forces qui le sollicitent, pris autour du point B, donnera la relation d'équilibre

$$\frac{Pa}{2} + \frac{P'a}{2} = Qh,$$

d'où

$$Q = (P + P') \frac{a}{2h}.$$

De même qu'au numéro précédent, on décomposera Q en deux forces, l'une normale à l'arbalétrier

$$S_1 = Q\,\frac{h}{l} = (P + P')\,\frac{a}{2l},$$

l'autre

$$N_1 = Q\,\frac{a}{l} = (P + P')\,\frac{a^2}{2lh}$$

parallèle aux fibres.

La force $\dfrac{P'}{2}$ se décomposera de même en deux

$$N'_1 = \frac{P'h}{2l} \quad \text{et} \quad S'_1 = \frac{P'a}{2l},$$

ce qui donnera en somme en A une composante

$$N_A = \frac{Pa^2}{2lh} + \frac{P'}{2l}\left(h + \frac{a^2}{h}\right)$$

parallèle aux fibres, et une autre

$$S_A = \left(\frac{P}{2} + P'\right)\frac{a}{l}$$

perpendiculaire.

Pour calculer la section de l'arbalétrier en un point quelconque E, on cherchera de même les composantes N_2 et S_2 des autres forces qui agissent sur lui depuis le point A jusqu'au point E considéré et l'on pourra, comme au numéro précédent, calculer enfin la projection N parallèle à l'arbalétrier de toutes les forces précitées et le moment total μ de ces forces par rapport au point considéré, ces deux quantités introduites dans la formule

$$R = \frac{v\mu}{I} - \frac{N}{\Omega},$$

permettront de calculer comme précédemment les dimensions de l'arbalétrier. Quant au poinçon, c'est une pièce simplement soumise à la force longitudinale P' ; la relation

$$P' = R\Omega$$

donnera immédiatement la section Ω qui lui est propre.

Le tirant se calculera en ce cas comme une pièce posée sur trois appuis, le maximum de son moment fléchissant sera situé au point d'attache avec le poinçon et sera

$$\mu = \frac{16}{128}.p_2 a^2, \qquad \text{(n° 81)}$$

en appelant p_2 la charge du tirant par mètre de longueur. La force longitudinale qui le sollicite est

$$Q = (P + P')\frac{a}{2h},$$

et la formule générale de résistance (n° 63) devient

$$R = \frac{v}{I}\frac{16 p_2 a^2}{128} + (P + P')\frac{a}{2h\Omega}.$$

En posant

$$\frac{128R}{16p_2a^2} = B''' \quad \text{et} \quad (P + P')\frac{a}{2h} = A''',$$

on a une équation de la forme

$$B''' = \frac{v}{I} + A'''\frac{1}{\Omega}$$

que l'on traite comme au numéro précédent pour connaître la pièce qu'il convient d'employer.

Exemple. Soit un comble en bois dont la portée est de 16 mètres et la hauteur 4 mètres, soient 5 pannes sur les arbalétriers, soit 800 kilogr. le poids transmis par chacune d'elles; 200 kilogr. le poids du plancher supporté par mètre de longueur du tirant.

Le poinçon supportera $\dfrac{200 \times 16}{4} = 800$ kilogr. provenant du tirant, plus 50 kilogr., son propre poids. La section sera donnée par la formule

$$850 = R\Omega \ (R = 700\,000),$$

d'où

$$\Omega = 0,0012;$$

s'il est équarri on voit que le côté de sa section sera $0^m,11$. En général l'assemblage avec les arbalétriers nécessitera d'augmenter les dimensions que le calcul indique.

Le poids qui agit au faîtage sur l'arbalétrier sera

$$\frac{P'}{2} = \frac{850 + 800}{2} = 825.$$

La somme des moments pris autour du point B donnera

$$825 \times 8 + 2400 \times 4^m = Q \times 4,$$

d'où

$$Q = 2050.$$

Calculons la section nécessaire au point E milieu de l'arbalétrier, on aura la force longitudinale

$$-N = Q\,\frac{a}{l} + \left(1600 + \frac{P'}{2}\right)\frac{h}{l}.$$

Or $\qquad l = 9^m,$ d'où $\quad N = -(1822 + 633) = -2455,$

on aura de plus

$$\mu = -\frac{Qh}{2} + \frac{P'}{2} \times 4 + 800 \times 2 = 800,$$

d'où

$$R = \frac{v}{I}\,800 + 2455\,\frac{1}{\Omega}\ \text{ si } (R = 700\,000),$$

on en déduit

$$875 = \frac{v}{I} + 3\,\frac{1}{\Omega}.$$

Si l'on suppose que la hauteur de la poutre est égale à deux fois sa largeur, le tableau numérique montre que la section 0,12 sur 0,24 donne

$$\frac{v}{I} = 860 \quad \text{et} \quad 3\,\frac{1}{\Omega} = 102$$

dont la somme est 962 plus grande que 875.

La section 0,13 sur 0,26 donne

$$\frac{v}{I} = 670 \quad \text{et} \quad 3\,\frac{1}{\Omega} = 87$$

dont la somme est 757 plus petite que 875.

Une section intermédiaire satisferait donc à l'équation précédente; et l'on peut adopter avec sécurité la poutre 0,13 sur 0,26. Pour le tirant, on aura (n° 81)

$$\mu = \frac{16}{128}\,p_2 a^2 = \frac{16}{128}\,200 \times 64 = 1600$$

et $N = Q = 2050$; la formule $\dfrac{R}{\mu} = \dfrac{v}{I} + \dfrac{N}{\mu}\dfrac{1}{\Omega}$ devient en y faisant $R = 700\,000$

$$228 = \frac{v}{I} + 1,28\,\frac{1}{\Omega}.$$

Si l'on choisit une pièce équarrie, les tableaux montrent que celle qui satisfait à cette équation est celle de 0,12 sur 0,12. Le poinçon devra satisfaire à l'équation

$$\Omega R = P' = 1650,$$

d'où

$$\Omega = 0,00236 ;$$

la pièce équarrie de 0,05 sur 0,05 satisfait donc à l'équation, mais l'assemblage avec les arbalétriers conduit à augmenter la dimension ainsi calculée.

121. *Ferme à entrait retroussé.*

On appelle entrait retroussé un tirant qui relie les arbalétriers en un point autre que leur pied.

Dans ce cas, les conditions de résistance des arbalétriers ne dépendent pas seulement de la position et de l'intensité des charges de la couverture, mais aussi de la manière dont le montage du comble a été effectué ; en effet, on conçoit, en supposant que l'entrait soit en fer et porte en un point de sa longueur une vis et un écrou qui permettent d'en diminuer à volonté la longueur, on conçoit qu'en opérant par ce moyen une traction sur les arbalétriers chargés, on pourra diminuer à volonté la poussée horizontale que ceux-ci effectuaient sur les murs avant la pose de l'entrait. On conçoit même que l'on peut rendre la poussée sur les murs négative, c'est-à-dire que la tension de l'entrait soit telle que ceux-ci tendent à se déverser en dedans ; en général, il y aura intérêt à rendre nulle cette poussée sur les murs. Cette dernière condition est celle que nous allons supposer réalisée dans l'application du calcul aux diverses pièces d'une pareille ferme.

La réaction de chaque mur d'appui sera donc verticale et évidemment égale à la moitié du poids total de la couverture correspondant à une ferme. Soit $2P$ le poids.

Le tirant opérera sur l'arbalétrier une traction telle que la relation

$$Pa - \Sigma M_A p - Nh = 0,$$

des moments autour du point A des forces qui agissent sur l'arbalétrier soit satisfaite ; on en conclut la valeur de la tension N du tirant ($\Sigma M_A\,p$ représente la somme des moments autour du point A de tous les poids correspondants aux diverses pannes de l'arbalétrier et h la distance du tirant au faîte).

La formule $$R = N\Omega$$

permettra de connaître la section du tirant si son poids est assez faible pour être négligé.

La relation $$\frac{R}{\mu} = \frac{\mu}{I} + \frac{N}{\mu}\,\Omega,$$

permettra d'en déterminer les dimensions si son poids propre ou sa surcharge donnent lieu à un moment fléchissant μ, maximum en son milieu et tel qu'il ne soit pas négligeable, par exemple, lorsque l'entrait portera un plafond.

Quant à l'arbalétrier, ses dimensions se détermineront aussi par cette même formule dans laquelle N représentera, pour un point situé entre B et E, la somme des projections rectangulaires sur l'arbalétrier des poids des pannes et de la réaction verticale du mur, qui agissent depuis B jusqu'au point considéré; μ sera la somme des moments de ces mêmes forces autour de ce même point.

Pour un point situé entre E et A, la traction de l'entrait viendra s'ajouter à ces projections et à cette somme de moments.

Le choix de la pièce se fera comme il est indiqué aux numéros précédents.

La détermination du point le plus infléchi pourrait se faire directement par la méthode générale de la recherche des maximum. En général, il sera plus simple de faire les calculs précédents pour divers points de la pièce et de déterminer les dimensions pour ce point, dont le moment fléchissant sera le plus grand.

Si à l'entrait se joint un poinçon, son calcul sera en tout semblable à celui du poinçon étudié dans le numéro précédent.

Les *combles à la Mansard* sont des composés de fermes analogues à celles que nous venons d'examiner, supportées par des montants peu inclinés ou jambes de forces. L'effet de flexion produit sur ces pièces est toujours négligeable, de sorte qu'il suffit de les calculer pour résister à l'effort parallèle à leur longueur, effort égal au poids de la moitié de la ferme. Soit P ce poids, on aura

$$P = \Omega R,$$

d'où l'on déduira la section Ω de chaque montant.

Les forces qui sollicitent les autres pièces des fermes, telles que les contrefiches, aisseliers, blochets, ne peuvent se déterminer par la simple statique, l'équilibre existant avec ou sans leur concours ; aussi leurs dimensions ne peuvent-elles être déterminées avec la même rigueur que celles des arbalétriers et des tirants. Chaque constructeur pourra donc et devra estimer approximativement les forces qui agissent sur chacune d'elles, et en déduire la dimension de ces diverses pièces.

122. *Ferme à deux contrefiches et à cinq tirants.*

Supposons que, par l'effet du tirant horizontal, la poussée horizontale en A et en A' soit nulle, les réactions de ces appuis seront dès lors verticales et égales à pa ; en appelant α l'angle de la couverture avec le tirant AC et β l'angle de la couverture avec l'horizon, $2a$ la portée du comble et p le poids par mètre de projection horizontale de la ferme, y compris la couverture et la surcharge.

La pression N sur la contrefiche sera évidemment égale à la réaction sur l'appui milieu (n° 81) d'une poutre à deux travées égales portant un poids $p \cos \beta$ par mètre courant ; on aura donc

$$N = \frac{5}{8} pa \cos \beta.$$

La tension T du tirant horizontal sera donnée par la relation d'équilibre des moments des forces T et pa autour du point B,

$$Tb = \frac{1}{2} pa^2.$$

La tension Q s'obtiendra en projetant sur un axe perpendiculaire à AB les forces qui agissent en A ; on aura (n° 59)

$$\frac{3}{16} pa \cos \beta = pa \cos \beta - Q \sin \alpha,$$

d'où l'on déduira Q.

De même la tension S s'obtiendra par la relation

$$T \sin \beta - S \sin \alpha = \frac{3}{16} pa \cos \beta.$$

Les tensions de toutes ces pièces étant ainsi déterminées, leurs dimensions s'obtiendront en opérant de la même manière qu'il a été dit aux numéros précédents.

125. *Ferme à cinq contrefiches et treize tirants.*

L'équilibre de la tension T et de la réaction pa de l'appui A donnera, par rapport au point B, l'équation des moments

$$Tb = \frac{pa^2}{2},$$

d'où l'on déduira T.

Les considérations du n° 84 donneront de plus

$$Q_0 = \frac{11}{112} pa \cos \beta; \quad Q_1 = \frac{2}{7} pa \cos \beta; \quad Q_2 = \frac{13}{56} pa \cos \beta;$$

la tension R s'obtiendra en projetant perpendiculairement à AB les forces qui agissent en A, et l'on aura

$$Q_0 = pa \cos \beta - R \sin \alpha;$$

de même, on aura S en considérant les forces qui agissent en B,

$$Q_0 = T \sin \beta - S \sin \alpha.$$

Les tensions R' et R″ s'obtiendront en projetant parallèlement, puis perpendiculairement à AC les forces qui agissent en F; on aura

$$\cos \alpha (R' + R'' - R) = 0 \quad \text{et} \quad Q_1 - \sin \alpha (R + R'' - R') = 0;$$

de ces deux équations, on déduira

$$R' = \frac{R}{2} + \frac{R \sin \alpha - Q_1}{2 \sin \alpha},$$

et
$$R'' = \frac{R}{2} - \frac{R \sin \alpha - Q_1}{2 \sin \alpha};$$

de même, S' et S'' s'obtiendront par la résolution des équations

$$\cos \alpha (S' + S'' - S) = 0$$

et
$$Q - \sin \alpha (\sin + S'' - S') = 0;$$

d'où
$$S' = \frac{S}{2} + \frac{S \sin \alpha - Q_1}{2 \sin \alpha},$$

et
$$S'' = \frac{S}{2} - \frac{S \sin \alpha - Q_1}{2 \sin \alpha}.$$

Enfin, la compression Q de la contrefiche du milieu s'obtiendra par la projection, perpendiculairement à AB, des forces qui agissent en D; on aura

$$Q_2 = Q - (S'' + R'') \sin \alpha = 0.$$

Les forces qui agissent sur ces diverses pièces étant ainsi connues, leurs dimensions se détermineront de la même manière qu'il a été dit aux numéros précédents.

124. *Fermes courbes.*

Elles sont placées dans les mêmes conditions qu'un pont en arc et doivent se calculer, par conséquent, de la même manière (n° 105).

Remarque. — On peut faire en sorte que les réactions sur les murs soient uniquement verticales, sans pour cela faire usage de tirant.

En effet, si l'on construit l'arc de manière qué sa portée soit plus petite que la portée qu'il aura après la pose de la couverture, d'une quantité

$$l = \int_A^B \left(\frac{N_1 dx}{E\Omega} + \frac{y\mu_1 ds}{EI} \right),$$

donnée par la théorie du n° 86, et calculable de la même manière, l'arc après son allongement ne poussera plus horizontalement sur ses appuis.

Soit donc, en ce cas, P le poids de la ferme, de la couverture
et de la surcharge correspondant à une demi-ferme, la réaction
verticale sur chaque mur sera égale à P. Soit G le centre de gravité de la demie ferme (*Voir* fig. 86), b sa distance à l'axe $\gamma\gamma'$, on
aura, pour valeur du moment fléchissant au milieu de l'arc

$$\mu = P\left(\frac{a}{2} - b\right);$$

la formule
$$R = \frac{v\mu}{I} + \frac{N}{\Omega} \qquad\qquad (n° 63)$$

donnera
$$\frac{P\left(\frac{a}{2} - b\right)}{R} = \frac{I}{v},$$

car N est nul au milieu de l'arc ; les tableaux numériques permettront donc de calculer les dimensions de l'arc en son milieu.

A ses extrémités, le moment fléchissant est nul et la seule force
longitudinale qui comprime l'arc est égale à P, ce qui permettra
de calculer la section

$$\Omega = \frac{P}{R}. \qquad\qquad (n° 62)$$

Lorsque deux fermes, l'une courbe, l'autre à pans, sont liées
l'une à l'autre, on peut supposer qu'elles supportent chacune la
moitié du poids total.

Les calculs sont donc les mêmes, seulement P devient deux
fois plus petit.

125. *Murs de clôture.*

Ces sortes de murs n'ont à supporter que leur propre poids et
l'action du vent. Ces deux forces donnent lieu à une résultante qui
doit passer dans la base du mur et qui, généralement en raison
du peu d'épaisseur de celui-ci par rapport à sa hauteur, sera peu
inclinée sur la verticale et par suite sensiblement égale en valeur
absolue à sa composante verticale, c'est-à-dire au poids du mur.

Appelons respectivement e_1, h_1, δ_1, p, l'épaisseur, la hauteur du
mur, le poids du mètre cube des matériaux qui le composent, et

l'action du vent par mètre superficiel. Soit a la distance du pied de la résultante à l'arête B. Supposons que la pression se répartisse uniformément sur une largeur $2a$ (n° 108). Cette résultante, en général, presque verticale, sera sensiblement égale au poids du mur et, pour un mètre de longueur, sera exprimée par

$$eh\delta = 2Ra,$$

d'où

$$a = \frac{eh\delta}{2R}.$$

La relation d'équilibre par rapport au point E sera, en remarquant que ph est égal à l'action du vent sur tout le mur

$$\frac{ph^2}{2} = eh\delta \left(\frac{e}{2} - a \right),$$

d'où l'on déduit, en remplaçant a par sa valeur

$$e = \sqrt{\frac{ph}{\delta \left(1 - \frac{\delta h}{R} \right)}}.$$

Lorsque $\dfrac{\delta h}{R}$ est négligeable par rapport à l'unité, cette formule se réduit à

$$e = \sqrt{\frac{ph}{\delta}}.$$

Les valeurs applicables à p sont inscrites au tableau suivant

	Bonne brise.	Grande brise.	Vent très-fort.	Tempête.	Ouragan.
$p =$	11^k	20^k	30^k	80^k	170^k
Vitesse par seconde	9^m	12^m	15^m	24^m	36^m

Exemple : Soit

$$R = 130000 ; \quad \delta = 2200 ; \quad h = 3^m,$$

la formule précédente donne

$$\text{pour } p = 80^k, \quad e = 0,34;$$
$$\text{pour } p = 170^k, \quad e = 0,47.$$

126. *Murs supportant toits et planchers.*

Ces murs sont généralement soumis à trois forces distinctes : le poids des combles et des planchers qu'ils supportent, leur propre poids et l'action du vent que l'on doit supposer dans ce cas égale à 80^k par mètre carré.

Généralement cette dernière force n'a d'importance que pour les étages supérieures des édifices, les deux autres forces étant proportionnellement beaucoup plus considérables pour les parties inférieures.

Si l'on appelle P le poids du comble et de son plancher (s'il en porte), agissant sur un mètre de longueur d'un pareil mur, on aura, par un raisonnement analogue à celui du numéro précédent,

$$P + he\delta = 2Ra ;$$

de même

$$\frac{ph^2}{2} = (eh\delta + P)\left(\frac{e}{2} - a\right),$$

d'où l'on déduira l'équation

$$e^2\left(\frac{h\delta}{2} - \frac{h^2\delta^2}{2R}\right) + e\left(\frac{P}{2} - \frac{Ph\delta}{R}\right) - \left(\frac{P^2}{2R} + \frac{ph^2}{2}\right) = 0.$$

Or on pourra remarquer que dans tous les cas de la pratique $\frac{h^2\delta^2}{2R}$ sera négligeable par rapport à $\frac{h\delta}{2}$; de même $\frac{Ph\delta}{R}$ par rapport à $\frac{P}{2}$; on en déduira donc

$$e^2\frac{h\delta}{2} + e\frac{P}{2} - \left(\frac{P^2}{2R} + \frac{ph^2}{2}\right) = 0,$$

d'où

$$e = \frac{-P}{2h\delta} + \sqrt{\left(\frac{P}{2h\delta}\right)^2 + \left(\frac{P^2}{h\delta R} + \frac{ph}{\delta}\right)}.$$

11

L'épaisseur du mur à l'étage inférieur se déterminera en remarquant que deux nouvelles forces se sont ajoutées aux précédentes pour agir sur le mur, ce sont le poids P' du nouveau plancher et de sa surcharge ainsi que le poids $e'h'\delta$ du mur de cet étage. Or, l'épaisseur e étant celle qui convient pour l'étage supérieur, l'épaisseur supplémentaire $e' - e$ devra satisfaire à l'équation de résistance à la compression sous l'effort nouveau $P' + e'h'\delta$, et l'on aura

$$P' + e'h'\delta = R(e' - e),$$

d'où

$$e' = \frac{P' + eR}{R - h'\delta}.$$

Le même raisonnement serait applicable à l'étage inférieur, et l'on aurait

$$e = \frac{P'' + e'R}{R - h''\delta}, \text{ etc.....}$$

Exemple : Soit

$$P = 2000; \quad P' = P'' = 3000; \quad h = 3,00;$$
$$h' = 3,50; \quad h'' = 4,00; \quad \delta = 2000;$$
$$R = 60000; \quad p = 80^k.$$

On aura successivement

$$e = 0,23; \quad e' = 0,31; \quad e'' = 0,44.....$$

Les mêmes formules sont applicables aux murs de refend en y faisant

$$p = 50^k.$$

Cet effort qui, en ce cas, n'est plus dû au vent, représente une action accidentelle, par exemple celle d'un meuble appuyé sur le mur. Les formules précédentes donnent alors pour l'exemple précité

$$e = 0,17; \quad e' = 0,24; \quad e'' = 0,33.....$$

Les quantités ainsi calculées représentent les épaisseurs de la partie résistante des murs; les revêtements n'y sont donc pas compris.

127. *Voûtes et murs de cave.*

Les voûtes de cave peuvent être considérées comme de véritables ponts, et par conséquent doivent se calculer de la même manière (n° 109 et suivants).

Les murs de caves supportant des voûtes sont de véritables culées. Le n° 114 en donne donc le calcul.

128. *Contre-forts, arcs-boutants.*

Ils sont destinés à supporter des pressions qui agissent en des points déterminés d'une construction. Ainsi à l'intérieur d'une culée de pont en arc métallique, on met des contre-forts au droit de chaque arc; ainsi dans les églises gothiques, les arcs-boutants supportent la poussée des voûtes au droit des arcs doubleaux.

L'épaisseur des contre-forts dans le sens de la poussée se calcule comme celle des culées, soit par la méthode des courbes de pression, soit par la formule du n° 114, en ayant soin de rapporter les pressions à un mètre de largeur de contre-fort dans le sens perpendiculaire. Si Q et S sont les composantes horizontale et verticale de la poussée totale et e_1 la largeur du contre-fort, $\dfrac{Q}{e_1}$ et $\dfrac{S}{e_1}$ seront les valeurs de Q et de S à introduire dans la formule.

S'il s'agit d'arcs-boutants, le meilleur moyen d'opérer consiste à employer la méthode des courbes de pression, mais en procédant d'une manière inverse de celle employée pour les ponts.

Soit P la poussée à équilibrer et rapportée à un mètre de largeur d'arc-boutant. Généralement cette poussée est horizontale, la composante verticale S de la résultante R passant dans le mur même de l'édifice.

On peut en ce cas se donner d'avance une courbe avec laquelle devra se confondre la courbe de pression et déterminer les épaisseurs variables de l'arc pour que cela ait lieu.

En effet, en décomposant la courbe en parties égales et de longueur l assez petite pour que les sécantes AB, BC.... se confondent sensiblement avec la courbe, et supposant de plus que les épaisseurs de ces parties croissent par ressaut, on remarquera comme pour les voûtes (n° 109) que la composante horizontale de la pression en chaque point considéré est constante et égale à P.

De plus, en appelant p_1 p_2 p_3,... les poids des voussoirs successifs, rapportés à un mètre d'épaisseur normalement au plan de la figure, on a

$$p_1 = \text{P tg} \, \alpha_1 ; \quad p_1 + p_2 = \text{P tg} \, \alpha_2 ; \quad p_1 + p_2 + p_3 = \text{P tg} \, \alpha_3, \text{ etc.} \ldots$$

or en appelant e_1 e_2 e_3 ... les épaisseurs des joints, les poids p_1 p_2 p_3, etc.... des voussoirs ont pour expression

$$p_1 = e_1 l\delta ; \quad p_2 = e_2 l\delta \ldots,$$

d'où l'on déduit

$$\text{P tg} \, \alpha_1 = e_1 l\delta ; \quad \text{P tg} \, \alpha_2 = l\delta(e_1 + e_2) \ldots,$$

d'où enfin

$$e_1 = \frac{\text{P tg} \, \alpha_1}{l\delta} ; \quad e_2 = \frac{\text{P tg} \, \alpha_2}{l\delta} - e_1 ; \quad e_3 = \frac{\text{P tg} \, \alpha_3}{l\delta} - (e_1 + e_2) \ldots$$

Exemple. Soit $\text{P} = 5000$; $l = 0,60$; $\delta = 2000$; $\text{tg} \, \alpha_1 = 0,10$; $\text{tg} \, \alpha_2 = 0,25$; $\text{tg} \, \alpha_3 = 0,50$; $\text{tg} \, \alpha_4 = 0,80$, etc.....

On aura

$$e_1 = 0,41 ; \quad e_2 = 0,53 ; \quad e_3 = 1,04 ; \quad e_4 = 1,25 \ldots$$

Les épaisseurs ainsi calculées pour que l'équilibre existe doivent en outre satisfaire chacune à la condition de résistance $\text{F} \leqq e\text{R}$ où F représente la résultante $\text{F} = \sqrt{(p_1 + p_2 + \ldots)^2 + \text{P}^2}$ des pressions sur le joint.

Le n° 74 donne la valeur applicable à R.

Les pieds-droits sont de véritables culées et se calculent par les formules du n° 114.

Les simple contre-forts se calculent aussi par les mêmes formules.

Remarque. L'épaisseur des arcs-boutants sera, d'après ce qui précède, d'autant plus forte que le rayon de courbure de la courbe de pression choisie sera plus petit ; on eût pu s'en rendre compte à *priori;* il convient de choisir convenablement la forme de la courbe à adopter. On peut aussi procéder d'une manière inverse à la méthode indiquée, c'est-à-dire calculer successivement les diverses tangentes des angles α_1, α_2.... connaissant les épaisseurs e et les longueurs l des parties de l'arc.

129. *Descentes droites ou biaises.*

On en détermine les dimensions par les mêmes considérations

qu'aux n°ˢ 109 et suivants en traçant la courbe des pressions dans une section verticale et parallèle aux têtes de la descente.

Si l'appareil est oblique et tel que le glissement soit possible dans le sens des génératrices de la voûte, on construit au bas de la descente des murs faisant office de contre-forts et qui se calculent comme tels.

CHAPITRE III.

DES MACHINES.

150. *Généralités.*

Les machines employées dans l'industrie se composent en général d'un certain nombres de pièces liées entre elles, de telle sorte que le mouvement de l'une d'elles détermine le mouvement des autres, tant au point de vue des causes, c'est-à-dire des forces (n° 36), qu'au point de vue des effets, c'est-à-dire des vitesses et des temps (n° 31).

Avant de nous occuper de la dimension à donner aux pièces de machines pour qu'elles satisfassent aux lois de la résistance, il nous faut étudier les forces qui agissent sur chacune d'elles. Ces forces peuvent se diviser en quatre classes :

1° Celles qui agissent sur le récepteur et qu'on nomme *forces motrices*. Par exemple : la vapeur agissant sur un piston par sa force expansive, le vent sur les ailes d'un moulin par la perte de sa puissance vive, l'homme sur une manivelle par sa force musculaire, etc. . . . ;

2° Celles que l'opérateur (l'outil à mouvoir, les poids à soulever, etc.) opposent. On les nomme *résistances utiles;*

3° Celles qui s'exercent entre les diverses pièces dites intermédiaires telles que tiges, bielles, manivelles, arbres, etc. . . ., destinées à transmettre à l'opérateur dans des conditions déterminées le travail donné au récepteur. Ces forces sont appelées *résistances nuisibles*. Ces trois sortes de forces sont dites extérieures parce qu'elles proviennent de pièces extérieures à celles sur lesquelles elles s'exercent;

4° Les forces que les pièces d'abord en repos opposent aux forces motrices, ou bien par lesquelles un mouvement commencé tend à se continuer uniforme et rectiligne. Ces forces sont intérieures, on les appelle *forces d'inertie*.

Jusqu'ici les constructeurs se sont généralement peu occupés de l'influence des forces d'inertie sur la résistance des pièces, et se sont contentés de tenir compte de leur effet en introduisant dans les formules relatives aux forces extérieures des coefficients de résistance dits coefficients corrigés plus faibles qu'il n'eût été rationnel de le faire si ces forces extérieures eussent réellement agi seules.

Il est vrai que la considération des forces d'inertie qui, en certains cas sont faibles relativement aux autres, complique alors inutilement la théorie de la résistance des pièces de machines, mais il est d'autres cas où elles interviennent avec une influence beaucoup trop considérable pour que leur effet ne soit pas très-utile à étudier. Nous avons donc cru convenable, pour ces raisons, de séparer leur étude de celle des autres forces, en laissant à chaque lecteur la faculté d'en tenir compte directement et rationnellement ou d'adapter aux formules relatives aux forces extérieures des coefficients corrigés.

Nous négligerons donc d'abord dans ce qui va suivre l'action due aux forces d'inertie.

En général le mouvement de toutes les parties d'une machine est périodiquement uniforme, c'est-à-dire que par périodes égales de temps toutes les parties reviennent se placer dans les mêmes positions, animées des mêmes vitesses et soumises aux mêmes forces.

(Si les résistances sont variables à chaque instant, on obtient cette régularité de mouvement en employant un organe dit volant dont la masse est assez considérable pour que la force d'inertie qu'il possède puisse combattre ces variations.)

Il résulte de ce mouvement périodique des pièces que l'accroissement de puissance vive pour une de ces périodes est nul, les masses et les vitesses étant égales au commencement et à la fin de chacune d'elles; il en est donc de même de la somme des travaux (n° 43), et l'on a, en appelant T_m le travail moteur, T_u le travail des résistances utiles, T_n le travail des résistances nuisibles,

$$T_m - T_u - T_n = 0, \quad \text{d'où} \quad T_m = T_u + T_n.$$

Cette équation représente ce qu'on appelle l'équilibre dynamique des machines.

La résistance des diverses pièces dépend évidemment du travail qu'elles ont à transmettre puisque les forces qui agissent sur elles en dépendent aussi.

Si les forces extérieures appliquées à une pièce sont de grandeur et de direction variables pendant l'intervalle d'une période, il faut évidemment calculer les dimensions de la pièce pour résister dans les conditions les plus défavorables qui se présentent dans cette période. Si ces forces sont constantes en grandeur et en direction, leurs valeurs appliquées directement dans les formules de résistance donnent les dimensions cherchées.

Le travail nuisible étant généralement une faible fraction du travail moteur, nous supposerons que les pièces même les plus éloignées du récepteur transmettent tout ce dernier travail à l'opérateur, cette hypothèse ne pouvant être que favorable à la résistance des pièces ainsi calculées.

Nous allons examiner successivement les diverses pièces qui entrent dans la composition des machines.

151. *Tiges.*

Ces sortes de pièces sont toujours soumises à des forces parallèles à leur longueur, et dont l'évaluation varie avec chaque genre de machine.

S'il s'agit d'une tige de piston à vapeur et si l'on désigne par N la résultante de ces forces, par p la pression effective de la vapeur sur un mètre superficiel de piston (c'est la différence des pressions réelles sur les deux faces du piston), par S la surface du piston, on aura évidemment

$$N = Sp,$$

et d'après le n° 62

$$N = R\Omega = Sp, \quad \text{d'où} \quad \Omega = \frac{Sp}{R},$$

ce qui permet de calculer la section Ω de la tige. On en déduira son diamètre

$$D = \sqrt{\frac{4\Omega}{\pi}}.$$

Soient 5 atmosphères le maximum de pression qui agit d'un côté du piston, soit un tiers d'atmosphère celle qui agit de l'autre; la pression effective sera par suite $4^{\text{atm}},66$. Or la pression d'un atmosphère sur un mètre carré est égale à 10333 kilogrammes. De là

$$p = 10333 \times 4,66 = 48000.$$

Soit le diamètre du piston égal à

$$0^{\text{m}},62, \quad \text{d'où} \quad S = 0,30.$$

Si la tige est en fer, nous supposerons $R = 2\,000\,000$, coefficient choisi faible pour tenir compte des vibrations et des chocs et aussi à cause du rapport généralement assez grand de la longueur des tiges à leur diamètre, ce qui fait toujours craindre une flexion. On en déduira

$$\Omega = \frac{Sp}{R} = 0,0072 \quad \text{et par suite} \quad D = 0,096.$$

S'il s'agit d'une pompe à double effet aspirante et foulante dont le piston est placé à une hauteur h au-dessus du niveau du liquide à élever et à une hauteur h' au-dessous du niveau auquel le liquide doit être élevé, la pression supérieure par unité de surface sera $\delta h'$ d'après la loi d'hydrostatique énoncée (n° 85), la pression inférieure sera $-\delta h$; donc la pression effective sera en ce cas la somme des deux pressions $p = \delta(h + h')$.

Soient

$$h = 5^{\text{m}}; \quad h' = 20^{\text{m}}; \quad S = 0,03,$$

$\delta = 1000$, poids du mètre cube d'eau;

Si la tige est en fer, supposons

$$R = 1500000,$$

on aura

$$p = 25000,$$

d'où

$$\Omega = 0,005,$$

et

$$D = 0,071.$$

Lorsqu'une tige est placée horizontalement, elle est en outre sollicitée à la flexion par son propre poids; cette flexion n'a cependant d'influence notable que pour les tiges longues et minces.

Soit l la longueur de la tige.

La formule de résistance du n° 63 donne

$$R = \frac{v\mu}{I} + \frac{N}{\Omega};$$

or, en ce cas

$$v = \frac{D}{2}; \quad I = \frac{\pi D^4}{64} \ (n° \ 93).$$

Le poids de la tige par mètre courant étant égal à $\dfrac{\pi D^2 \delta'}{4}$ (δ' étant le poids du mètre cube de fer $= 7788$), on aura (n° 77 *ter*) :

$$\mu = \frac{\pi D^2 \delta' l^3}{32},$$

au milieu de la longueur, d'où l'on déduit

$$R = \frac{\delta' l^2}{D} + \frac{4N}{\pi D^2},$$

et par suite

$$D = \frac{\delta' l^2}{2R} + \sqrt{\frac{\delta'^2 l^4}{4R^2} + \frac{4N}{\pi R}}.$$

Dans le cas de la tige de piston à vapeur de l'exemple précédent en supposant $l = 3^m$, on aurait ainsi

$$D = 0,0175 + 0,097 = 0,1145.$$

152. *Bielles.* Ce sont des pièces articulées le plus souvent sur les tiges de piston, et destinées à transmettre le mouvement soit à des manivelles, soit à des balanciers. Souvent aussi elles relient les balanciers aux manivelles.

La longueur d'une bielle étant généralement grande par rapport au rayon de la manivelle qu'elle conduit, les forces qui agissent sur elle sont sensiblement parallèles à sa longueur comme pour les tiges ; les mêmes formules servent donc au calcul des tiges et des bielles. Les sections ainsi calculées sont adoptées pour les extrémités des bielles ; mais au milieu de leur longueur il convient cependant d'augmenter la section calculée de 0,0035 par mètre de longueur de bielle. Aussi la section calculée étant Ω' et l la longueur de la bielle, la section au milieu de celle-ci sera

$$\Omega' = \Omega(1 + 0,0035l).$$

Cette règle a pour raison l'obliquité des efforts à transmettre. Lorsqu'une bielle est horizontale, le moment d'inertie de sa section intervient dans la formule de résistance, comme il est dit pour les tiges (n° 131). Les n°ˢ 88 et suivants permettent de calculer ce moment d'inertie pour toute forme choisie.

153. *Manivelles.* Ces pièces peuvent être considérées comme encastrées à une extrémité (celle qui est assemblée avec l'arbre) et sollicitées à l'autre par une force variable de direction et d'intensité. Le cas le plus favorable a lieu évidemment lorsque le moment de cette force est maximum, c'est-à-dire lorsque la manivelle est à angle droit avec la bielle. Soit F cette force, déterminée suivant le genre du moteur, comme il a été dit pour les tiges ; soit l la longueur de la manivelle, prise du centre de rotation de l'arbre au centre du bouton de manivelle. Le moment fléchissant est un maximum au point A d'encastrement, et l'on a pour ce point

$$\mu = Fl,$$

d'où (n° 63)
$$R = \frac{vFl}{I}.$$

Il convient de ne faire intervenir dans la valeur de I que le corps de la manivelle, en supposant que les nervures ne servent qu'à épauler les manchons des lumières.

Si a représente l'épaisseur du corps de la manivelle parallèlement à l'arbre de couche, b la dimension perpendiculaire, et b' le diamètre de la lumière de l'arbre, on a

$$I = \frac{a(b^3 - b'^3)}{12}, \qquad \text{(n° 90)}$$

d'où

$$R = \frac{6bFl}{a(b^3 - b'^3)}.$$

On peut supposer, lorsqu'il n'y a pas de chocs,

$$R = 4600000 \ \text{pour le fer,}$$
$$R = 2300000 \ \text{pour la fonte.}$$

Lorsqu'il y a des chocs, il faut réduire ces coefficients de moitié.

Près du bouton de manivelle, la section doit résister à la compression ou à la traction que la bielle opère sur la manivelle lorsque le piston est aux extrémités de sa course; mais cet effort s'effectuant obliquement par l'intermédiaire du bouton encastré, on doit calculer d'abord, comme nous le verrons plus loin, le diamètre b'_1 du bouton de manivelle, puis on fait généralement

$$b_1 = 2b'_1.$$

L'épaisseur a égale $\frac{1}{4}$ à $\frac{1}{6}$ de b pour la fonte, et $\frac{1}{6}$ à $\frac{1}{8}$ de b pour le fer.

La longueur des manchons se fait de 1,2 à 2 fois le diamètre des lumières.

Les valeurs intermédiaires de b s'obtiennent pratiquement en menant deux tangentes aux cercles des manchons tracés avec b et b_1 pour diamètres.

Si la force F n'est pas connue *à priori*, comme on l'a vu pour les tiges, on la calculera. Il peut arriver, par exemple, qu'on sache seulement que la manivelle doit transmettre un travail de C chevaux (n° 38), en faisant n tours par seconde.

Le travail de C chevaux sera de 75C kilogrammètres par seconde.

On aura donc

$$Fv = 75C;$$

mais la vitesse

$$v = 2\pi ln,$$

d'où

$$75C = 2F\pi ln,$$

d'où

$$F = \frac{75C}{2\pi ln}.$$

Il est entendu que le travail de C chevaux est celui que la manivelle transmet, travail qui peut ne pas être le travail total de la machine.

Application. Soit à transmettre un travail de 40 chevaux au moyen d'une manivelle de 0,30 de longueur et faisant deux tours par seconde. On en déduit

$$F = \frac{3000}{3,77} = 795.$$

Soit

$$R = 4000000; \quad b' = 0,10,$$

d'où

$$b'^3 = 0,001; \quad a = \frac{b}{4}.$$

La formule $R = \dfrac{6bFl}{a(b^3 - b'^3)}$ devient

$$4000000 = \frac{5724}{b^3 - 0,001};$$

d'où

$$b = 0,1345.$$

Soit donc

$$b = 0,14, \quad \text{d'où} \quad a = \frac{b}{4} = 0,035.$$

Si le bouton de manivelle a 0,04 de diamètre, on fera

$$b_1 = 0,08,$$

et les valeurs de b intermédiaires seront comprises entre deux tangentes aux cercles des manchons qui ont pour diamètre b et b_1.

154. *Balanciers.* Ces pièces se trouvent dans les mêmes conditions de résistance que les manivelles ; on les calcule donc de la même manière (l représentant la demi-longueur du balancier).

La largeur a du corps du balancier doit être égale de $\dfrac{1}{12}$ à $\dfrac{1}{16}$ de b. On renforce ensuite les dimensions des balanciers ainsi calculés par une nervure périmétrique qui triple en ces points la largeur a. La longueur des manchons des lumières doit être de 1,2 à 1,5 fois le diamètre de ces lumières.

155. *Arbres.* Ces pièces peuvent être soumises simplement à la torsion, ou bien en même temps à la torsion et à la flexion.

Nous distinguerons donc ces deux cas.

Les arbres soumis à la torsion doivent satisfaire aux formules du n° 64

$$\mu = \Sigma MP = G\theta I_1 = \frac{R'I_1}{r},$$

ce qui donne pour les arbres pleins (n° 98)

$$\mu = \frac{R'\pi D^3}{16},$$

et pour les arbres creux

$$\mu = \frac{R'\pi(D^3 - D'^3)}{16}.$$

Pour ces derniers, il convient de prendre une épaisseur égale à $\dfrac{1}{5}$ D, ou bien de faire $D' = \dfrac{3}{5}$ D, ce qui donne

$$\mu = 0,049 R'\pi D^3,$$

formules qui donnent D connaissant μ.

Le moment μ peut se calculer connaissant la force P et son bras de levier p, ou bien au moyen du travail transmis par l'arbre en une seconde et du nombre n de tours.

Soit A ce travail; on aura, en désignant par s le chemin parcouru par la force P, pour les arbres pleins,

$$A = Ps = P2\pi np = \mu 2\pi n = \frac{2\pi^2 nR'D^3}{16},$$

d'où

$$D = \sqrt[3]{\frac{A}{n}\frac{8}{\pi^2 R'}}.$$

Pour les arbres creux, on aurait

$$A = 0,049.2\pi^2 nR'D^3,$$

d'où

$$D = \sqrt[3]{\frac{A}{n}\frac{10,2}{\pi^2 R'}}.$$

Pour des valeurs données de R', on peut calculer un nombre $K = \dfrac{8}{\pi^2 R'}$ pour les arbres pleins, et $K' = \dfrac{10,2}{\pi^2 R'}$ pour les arbres creux, tel que l'on ait la relation très-simple à calculer

$$D = \sqrt[3]{K\frac{A}{n}}.$$

	FER		FONTE		BOIS	
	sans choc.	avec choc.	sans choc.	avec choc.	sans choc.	avec choc.
R'	2000000	800000	500000	160000	160000	16000
K	0,00000040	0,00000100	0,00000160	0,00000300	0,00000500	0,00005000
K'	0,00000051	0,00000127	0,00000204	0,00000637	0,00000637	0,00006375

Les arbres qui transmettent un travail avec choc sont, par exemple : les arbres de roues hydrauliques, les bagues à came, etc,

Les arbres qui le transmettent sans choc sont ceux dont le mouvement est toujours uniforme. Entre ces deux limites, on doit prendre des coefficients compris entre ceux qui sont indiqués au tableau précédent.

Les arbres soumis à la flexion doivent satisfaire à la formule du n° 63

$$\mu = \frac{RI}{v},$$

qui donne pour les arbres pleins (n° 93)

$$\mu = \frac{R\pi D^3}{32},$$

et pour les arbres creux

$$\mu = \frac{R\pi(D^3 - D'^3)}{32}.$$

Pour ces derniers, il convient de faire

$$D' = \frac{3}{5}\, D,$$

ce qui donne

$$\mu = 0,245 R\pi D^3.$$

On en déduit pour les arbres pleins

$$D = \sqrt[3]{\frac{32\,\mu}{R\pi}},$$

et pour les arbres creux,

$$D = \sqrt[3]{\frac{40,8\,\mu}{R\pi}}.$$

L'évaluation du moment fléchissant μ se ramène toujours à l'un des cas traités aux n°s 76 et suivants.

Exemple. Soit un essieu de wagon supposé plein et encastré dans la roue et portant à une distance de $0^m,18$ de cet encastrement un poids de 2000 kilog. Soit

$$R = 2700000,$$

on aura $$\mu = 2000 \times 0,18 = 360, \qquad (\text{n° 76 } bis)$$

d'où $$D = \sqrt[3]{\frac{11520}{8485000}} = 0,11.$$

Pour un essieu de locomotive Engerth, supportant 5500 kilog., à une distance de 0,20 de la roue, on trouverait

$$D = 0,16.$$

Lorsque les arbres sont soumis à la fois à la flexion et à la torsion, la résistance totale par unité de section est évidemment la somme des deux résistances, et l'on aura pour les arbres pleins

$$R = \frac{32\mu}{\pi D^3} + \frac{16A}{2\pi^2 n D^3},$$

d'où $$D = \sqrt[3]{\frac{32\mu}{\pi R} + \frac{8A}{\pi^2 n R}} + \sqrt[3]{\frac{32\mu}{\pi R} + K\frac{A}{n}}.$$

Pour les arbres creux

$$D^3 - D'^3 = \frac{32\mu}{\pi R} + \frac{16A}{2\pi^2 n R}.$$

Lorsque $\dfrac{D'}{D} = \dfrac{3}{5}$, on obtient D au moyen de la formule suivante :

$$D = \sqrt[3]{\frac{40,8\mu}{\pi R} + \frac{10,2A}{\pi^2 n R}} = \sqrt[3]{\frac{40,8\mu}{\pi R} + K'\frac{A}{n}}.$$

Exemple. Soit un arbre creux en fonte supportant une roue hydraulique et destiné à transmettre un travail de 60 chevaux. Soit $n = \dfrac{1}{4}$. On a

$$A = 75 \times 60 = 4500 \text{ kilog.};$$

soit $\qquad R = 160000, \qquad$ d'où $\qquad K' = 0,00000637;$

soient 5000 kilog. le poids de la roue agissant à 0,30 des appuis,

on aura $\qquad\qquad \mu = 1500,$

d'où
$$D = \sqrt[3]{\frac{61200}{500000}} + 0,1146 = 0,60;$$

d'où
$$D' = \frac{3}{5} D = 0,36;$$

d'où l'épaisseur
$$e = \frac{D - D'}{2} = 0,12.$$

136. *Tourillons.*

Les tourillons des arbres sont généralement soumis à la flexion et au cisaillement.

Soit l' la longueur d'un tourillon;

P la réaction de son appui, déterminée par les équations de statique, et comme il a été dit aux n°⁵ 74 et suivants;

d le diamètre cherché.

En supposant que les forces dont P est la résultante soient réparties uniformément sur toute la longueur l', la résultante P agira au milieu de cette longueur, et le moment fléchissant au point A, naissance du tourillon, sera

$$\mu = \frac{Pl'}{2};$$

or, on sait (n° 63) que
$$\mu = \frac{R_1 I}{v},$$

de plus, pour le cercle plein, on a

$$I = \frac{\pi D^4}{64} \ (\text{n° 93}) \quad \text{et} \quad v = \frac{D}{2};$$

on aura donc $\dfrac{Pl'}{2} = \dfrac{R_1 \pi D^3}{32},$ d'où $R_1 = \dfrac{16Pl'}{\pi D^3}.$

On fait d'ordinaire $\qquad l' = 1,5D;$

on a, dans ce cas $\qquad R_1 = 8,18 \dfrac{P}{D^2}.$

L'effort tranchant qui tend à cisailler le tourillon est égal à P , et l'on a (n° 65)

$$\Omega = \frac{P}{R_2};$$

mais $\qquad \Omega = \dfrac{\pi D^2}{4},$ d'où $R_2 = \dfrac{4P}{\pi D^2} = 1,40 \dfrac{P}{D^2}.$

La résistance totale devra être la somme de ces résistances ; on aura donc

$$R = 9{,}68 \frac{P}{D^2}, \quad \text{d'où} \quad D = \sqrt{9{,}68 \frac{P}{R}} = 3{,}11 \sqrt{\frac{P}{R}}.$$

Si la longueur des tourillons était égale à leur diamètre, on obtiendrait d'une manière analogue

$$D = \sqrt{6{,}45 \frac{P}{R}} = 2{,}54 \sqrt{\frac{P}{R}}.$$

Il convient de prendre $R = 2000000$ pour les tourillons d'arbres en fer dont la flexion doit être insensible, comme pour les roues hydrauliques, ainsi que pour les tourillons d'arbres exposés à des chocs tels que ceux des marteaux, etc.

Dans le cas où il ne se produit pas de chocs et quand les tourillons sont bien graissés, il convient de prendre $R = 4000000$.

Ce dernier coefficient est aussi applicable aux tourillons des essieux de voitures lorsqu'on se sert de fer de première qualité.

137. *Les boutons de manivelle et de balancier* se calculent de la même manière que les tourillons, car ils se trouvent placés dans les mêmes conditions ; $\dfrac{l'}{2}$ désigne alors la longueur du bouton prise depuis le milieu de l'épaisseur de la manivelle ou du balancier jusqu'à l'axe de la bielle.

138. *Volant.*

La jante des volants doit résister à l'effort de traction résultant de la force centrifuge. Or on sait (n° 45) que la force centrifuge agissant sur une masse m est exprimée par

$$\psi = m\omega^2 r.$$

On sait de plus (n° 87) que p, désignant la pression qui agit normalement à un cylindre par mètre de circonférence, la pression tangentielle qui en résulte est égale au produit de cette force par le rayon ; on aura donc pour force tangentielle, dans le cas du

volant, $\quad N = \psi r = m\omega^2 r^2 = \dfrac{P}{g}\omega^2 r^2 = \dfrac{\Omega\delta}{g}\omega^2 r^2,\quad$ (n° 39 *bis*)

δ représentant le poids du mètre cube de matière employée; or on sait que

$$N = \Omega R \quad \text{d'où} \quad R = \frac{\delta}{g} \omega^2 r^2.$$

Telle est la relation qui donne l'effort que supporte la jante d'un volant; on peut remarquer qu'il est indépendant de la section Ω.

Pour la fonte $\qquad \delta = 7200,$

il convient de faire $\qquad R = 2000000;$

ce qui donne $\qquad \omega^2 r^2 = 2725;$

d'où $\qquad r = \sqrt{\dfrac{2725}{\omega^2}} \quad \text{ou} \quad r = \dfrac{52}{\omega};$

relation qui permet de calculer la limite de rayon que peut avoir un volant en fonte dont on connaît la vitesse angulaire ω. On en déduit le tableau suivant :

$\omega = 40^m$	35	30	25	20	15	12	10	8	6
Nombre de tours par minute. 380'	333	286	238	190	143	114	95	76	57
$r = 1^m30$	1,48	1,70	2,10	2,60	3,45	4,25	5,20	6,50	8,70

Si les jantes sont faites de plusieurs parties assemblées au moyen de clavettes formées d'un métal qui puisse supporter la même tension par unité de surface que le métal du volant, la tension totale en AB, agissant uniquement sur la clavette, et en CDEF, uniquement sur la partie restante de la jante, les sections AB et CDEF devront être égales. Par conséquent, la section de la jante sera diminuée de moitié en ce point d'assemblage. Il en résulte que le rayon limite sera diminué dans le rapport $\dfrac{1}{\sqrt{2}}$. On en déduit les valeurs

$r =$ 0,92	1,05	1,20	1,47	1,83	2,44	3,00	3,68	4,60	6,15

On conçoit qu'il serait facile de calculer des tableaux analogues correspondant à d'autres hypothèses faites sur la valeur de R, suivant la qualité des fontes employées ou pour toute autre matière que la fonte.

139. *Bras de volant.*

Ils doivent résister à la force centrifuge qui sollicite la partie de jante du volant comprise entre chacun d'eux.

En appelant p la force centrifuge qui sollicite un arc de jante d'un mètre, on aura, en désignant par ds un élément de cette jante et par γ la moitié de l'angle que font deux bras entre eux, Σ forces centrifuges projetées sur $CD = p$ corde $AB = 2rp \sin \gamma$ (n° 87),

or
$$p = m\omega^2 r = \frac{P}{g} \omega^2 r ;$$

la relation de résistance (n° 61) deviendra donc

$$\frac{2P}{g} \omega^2 r^2 \sin \gamma = \Omega R,$$

permettant de calculer la section Ω du bras, connaissant le poids P de la partie de jante que ce bras supporte.

Pour 4 bras $\sin \gamma = 1$;
pour 6 bras $\sin \gamma = 0,500$;
pour 8 bras $\sin \gamma = 0,3824$.

Exemple. Soit un volant à 6 bras ; soit

$$P = 1000, \ \omega = 10, \ r = 1,50,$$

la formule précédente donnera

$$22900 = \Omega R ;$$

en supposant $R = 2000000,$

on aura $\Omega = 0^{m.c.},01145,$

si la section est un cercle, le diamètre sera

$$D = 0^m,121.$$

140. *Roues d'engrenage.*

Dents. Chaque dent d'une roue d'engrenage peut être considéréc comme un solide encastré dans la jante, et supportant à son extrémité une pression P égale à l'action de la roue voisine. Soit l la longueur de la dent, a sa largeur (dans le sens de l'axe de rotation), b son épaisseur, le moment fléchissant à la racine de la dent sera

$$\mu = Pl;$$

on aura de plus $$I = \frac{ab^2}{12}.$$ (n° 89)

La relation du n° **63** deviendra par suite

$$6Pl = Rab^2,$$

relation qui permettra de calculer à volonté l'une des trois dimensions a, b ou l, les deux autres étant connues.

Remarque. La pression P peut s'obtenir au moyen du travail que la roue doit transmettre, on a, en effet (n° 38),

$$\text{Travail} = P \times \text{vitesse} \quad \text{d'où} \quad P = \frac{\text{travail}}{\text{vitesse}}.$$

La vitesse dont il s'agit est, bien entendu, la vitesse de l'élément qui supporte la pression P, c'est-à-dire celle de la circonférence primitive de la roue.

Généralement il convient d'établir entre a, b et l les relations

$$a = 4{,}5b \quad \text{et} \quad l = 1{,}2b,$$

on déduit, au moyen de la formule précédente,

$$b = \sqrt{1{,}6 \frac{P}{R}} = K \sqrt{P}.$$

Pour le fer, il convient de faire. R = 4500000 d'où K = 0,0006
     la fonte.. . . . . R = 1600000   K = 0,0010
     le bois dur . . . . R = 810000   K = 0,0014.

On calculerait de même les valeurs de K correspondant à d'autres hypothèses faites dans les rapports des trois quantités a, b, l.

Lorsque les dents sont encastrées de moitié de leur longueur entre deux joues, la longueur l étant diminuée de moitié, la formule devient

$$b = \sqrt{0{,}8\frac{P}{R}} \quad \text{d'où} = K'\sqrt{P}.$$

On en déduit,

pour le fer $K' = 0{,}00042$;
pour la fonte $K' = 0{,}00071$;
pour le bois $K' = 0{,}00100$.

La largeur de la couronne se fait égale à celle des dents $= a$, son épaisseur égale à b; on ajoute souvent une nervure intérieure de même dimension pour assurer la rigidité de la couronne. Pour que ces dimensions soient suffisantes, il convient de donner à la roue un nombre de bras tel que la flèche de l'arc de couronne compris entre chacun d'eux soit plus petit que $0^m,20$.

Bras. On peut les considérer comme des solides encastrés dans le moyeu, et soumis chacun tour à tour à leur extrémité à l'effort tangentiel P. En appelant r le rayon de la roue, le moment fléchissant près du moyeu sera

$$\mu = Pr. \qquad \text{La formule (n° 63)} \qquad RI = v\mu$$

permettra de calculer les dimensions du bras.

Si sa section a la forme rectangulaire

$$I = \frac{ab^3}{12},$$

on fait en général

$$a = \frac{1}{5}b\,;$$

on en déduit la dimension

$$b = \sqrt[3]{\frac{30Pr}{R}}.$$

Pour s'opposer au déversement latéral, dont on ne peut tenir compte dans le calcul, il convient d'ajouter une nervure qui affleure de part et d'autre la largeur de la couronne, et dont l'épaisseur est prise égale à $\frac{1}{10}b$.

Si la section est elliptique, on a

$$I = \frac{\pi a b^3}{64},$$
  (n° 95)

a étant le petit axe et b le grand axe de l'ellipse dans le sens de l'effort P.

On en déduit
$$R\pi a b^2 = 32 P r.$$

On fait généralement
$$a = \frac{1}{2} b,$$

ce qui donne

$$b = \sqrt[3]{\frac{64 P r}{\pi R}} = \sqrt[3]{20,36 \frac{P r}{R}}.$$

On pourrait de même calculer la valeur de b pour d'autres hypothèses sur le rapport des deux axes entre eux.

La section du bras près du moyeu étant ainsi déterminée, les dimensions de la section près de la couronne en sont pratiquement les deux tiers.

Exemple. Soit un travail de 10 chevaux ou 750 kilogrammètres à transmettre au moyeu d'une roue dont la circonférence est animée d'une vitesse de 2 mètres, on aura

$$P = \frac{750^{km}}{2^{m}} = 375^{k};$$

si les dents sont en fonte et libres sur toute leur longueur, on aura, en supposant

$$a = 4,5 b \quad \text{et} \quad l = 1,2 b,$$

la relation
$$b = 0,0010 \sqrt{375} = 0,0193,$$

soit
$$b = 0,02,$$

par suite
$$a = 0,09 \quad \text{et} \quad l = 0,024.$$

La couronne aura 0,09 sur 0,02, et la nervure aussi.

Soit $r = 1$ mètre, si le bras est elliptique et si l'on suppose

$$a = \frac{1}{2} b \quad \text{et} \quad R = 1600\,000,$$

on aura
$$b = \sqrt[3]{\frac{7634}{1600\,000}} = 0,169,$$

soit $\qquad b = 0,17.$

On en déduit $\qquad a = 0,085.$

Près de la couronne, les axes de la section elliptique seront

$$\frac{2}{3} b = 0,11 \quad \text{et} \quad \frac{2}{3} a = 0,055.$$

Le nombre de bras d'une pareille roue devra être égal au moins à 5, ce qui correspond à une flèche de 0,19.

Quelle que soit la forme de section des bras, la formule générale

$$RI = v Pr$$

en donnerait les dimensions en déterminant I par les formules des n°s 88 et suivants; v désignant toujours la distance du centre de gravité de la section à la fibre la plus éloignée.

141. *Réservoirs, chaudières, tubes cylindriques à bases circulaires.*

Soit ρ le rayon du réservoir;

Soit p la pression du liquide à un certain niveau AB pour lequel on veut calculer l'épaisseur du réservoir.

Les lois de l'hydrostatique (n° 85) donnent, en appelant h la hauteur d'eau au-dessus du niveau considéré,

$$p = \delta h;$$

pour l'eau le poids du mètre cube $\delta = 1000$,

d'où $\qquad p = 1000 h.$

La formule A du n° 87 donne pour composante tangentielle

$$N = p\rho.$$

La section résistante Ω rapportée à l'unité de hauteur est représentée ici par l'épaisseur e du réservoir, la formule du n° 62 devient donc

$$p\rho = eR \quad \text{d'où} \quad e = \frac{p\rho}{R}, \qquad\qquad \text{(B)}$$

ou bien $\qquad e = \dfrac{1000 h\rho}{R}.$

Il convient pratiquement, pour tenir compte de l'usure, d'ajouter à l'épaisseur ainsi calculée une quantité A indiqué au tableau suivant.

	FER (réservoirs).	FER (chaudières).	FONTE.	CUIVRE.	ZINC.	PLOMB.
R	6000000	2850000	3000000	3500000	1000000	200000
A	0,003	0,003	0,010	0,004	0,004	0,005

S'il s'agit d'un réservoir d'air ou de vapeur, on peut exprimer p en nombre d'atmosphères. La pression due à une atmosphère est égale à 10330^k par mètre superficiel; en appelant n le nombre d'atmosphères que doit supporter le réservoir ou la chaudière, on a

$$p = 10330n;$$

on en déduit

$$e = \frac{10330nP}{R}.$$

Pour les chaudières à vapeur en tôle, si l'on fait $R = 2850000$, si l'on ajoute une épaisseur $A = 0,003$ pour tenir compte de l'usure, et si l'on désigne par d le diamètre 2ρ de la chaudière, on déduit de la relation (B)

$$e = 0,0018nd + 0,003$$

qui est précisément la formule indiquée par l'ordonnance du 22 mai 1843.

Ces formules sont applicables aux tubes de diamètre quelconque.

142. _Grues._ Les grues se composent en général de trois parties : un arbre vertical, une volée oblique partant du pied de l'arbre, un tirant reliant l'extrémité de la volée au sommet de l'arbre.

Cherchons à déterminer les efforts qui agissent sur ces diverses pièces.

Soit P le poids à soulever à l'extrémité de la volée, décomposons la force qu'il représente en deux N et Q suivant la volée et le tirant; nous voyons, d'après le sens de ces composantes, que la volée est soumise à un effort de compression et le tirant à une traction. Pour tenir compte des chocs qui se produisent dans ces sortes d'appareils, il convient de supposer à P une valeur 10 fois plus considérable que le poids à soulever réellement. La formule des n°s 61 et 62 et les considérations des n°s 67, etc., permettront donc de déterminer les dimensions de la volée et du tirant, connaissant les efforts N de traction et Q de compression qui agissent sur eux.

Le tracé graphique de décomposition du poids P suivant les deux directions indiquées est le moyen le plus simple d'en déterminer les composantes N et Q.

L'arbre a toujours un point d'appui au niveau du sol et un autre, soit au-dessus, soit au-dessous. Dans le premier cas, lorsque le point d'appui est situé à la rencontre du tirant et de l'arbre, celui-ci n'a pas à supporter de flexion sensible, il est simplement soumis à la traction N″, composante verticale de N et généralement très-faible; ses dimensions peuvent donc être extrêmement petites.

Dans le second cas, lorsque le point d'appui est sous le sol, l'arbre est fléchi sous l'action de trois forces, la composante horizontale N′ de N et les réactions des appuis en B et en D.

La réaction en D s'obtient en prenant par rapport au point B la somme des moments des forces qui agissent sur l'arbre et en l'égalant à zéro (n° 59), et l'on a

$$N'h = Fh' \quad \text{d'où} \quad F = N'\frac{h}{h'}.$$

Pour calculer la section de l'arbre en un de ses points, on peut donc calculer le moment fléchissant

$$\mu = N'x \quad \text{pour un point entre A et B}$$

et
$$\mu' = Fx' \quad \text{pour un point entre B et D.}$$

L'effort longitudinal est N″ pour la partie AB, et il est égal à P + le poids propre de la grue pour la partie BD. Ces diverses quantités étant calculées, la formule du n° 63

$$R = \frac{v\mu}{I} + \frac{N}{\Omega}$$

permettra de déterminer les dimensions de l'arbre en chacun de ses points. Dans les machines à mater, il n'y a pas d'arbre et les tirants qui se prolongent jusqu'au sol se partagent également entre eux la tension N. Les calculs sont, du reste, les mêmes que précédemment.

143. *Des forces d'inertie.*

Considérons d'abord un point matériel de masse m animé d'un mouvement varié quelconque et possédant à un certain instant une accélération j. La force qui, pour produire ce mouvement, agit sur le point supposé d'abord en repos est, d'après le n° 39 *bis*, $F = mj$. Décomposons cette force en trois autres dans le sens de trois axes, on aura pour les valeurs de ces composantes d'après le théorème du n° 42

$$X = mj_x; \quad Y = mj_y; \quad Z = mj_z.$$

De plus on sait (n° 33) que l'accélération est la dérivée seconde de l'espace par rapport au temps, ce qui s'écrit $j = \dfrac{d^2s}{dt^2}$, d'où

$$X = m\,\frac{d^2x}{dt^2}; \quad Y = m\,\frac{d^2y}{dt^2}; \quad Z = m\,\frac{d^2z}{dt^2}.$$

Telles seront les forces qui agiront sur un point quelconque faisant partie d'une machine en mouvement.

Les machines portant en général un volant dont l'arbre est animé d'une vitesse de rotation uniforme, nous rapporterons, dans ce qui va suivre, le mouvement de toutes les pièces à celui de cet arbre.

Tiges. Considérons une tige adaptée à un piston et liée par une bielle et une manivelle à un arbre animé d'une vitesse uniforme de rotation.

Soit l'axe de la tige pris pour axe des x; soient les deux autres axes perpendiculaires et passant en O. Les composantes Y et Z qui agissent sur le point A seront nulles puisque les accélérations dans ces deux sens sont nulles. La troisième composante sera :

$$X = m\,\frac{d^2x}{dt^2}.$$

Cherchons à évaluer $\dfrac{d^2x}{dt^2}$; pour cela remarquons que le point A se meut (sans erreur pratiquement sensible) comme la projection de B sur l'axe des x, et l'on a

$$x = r\cos\varphi \qquad \text{d'où} \qquad \frac{dx}{d\varphi} = -r\sin\varphi \qquad (\text{n}^\circ\ 18)$$

et

$$\frac{d^2x}{d\varphi^2} = -r\cos\varphi,$$

d'où

$$\frac{d^2x}{dt^2} = -r\cos\varphi \left(\frac{d\varphi}{dt}\right)^2,$$

et en remarquant que $\dfrac{d\varphi}{dt}$ représente la vitesse de rotation ω de l'arbre O, on a enfin

$$X = -mr\omega^2\cos\varphi$$

dont le maximum correspond à $\cos\varphi = 1$, c'est-à-dire aux extrémités de la course. On a alors

$$X = -mr\omega^2.$$

La force totale qui agira au point A de la tige sera évidemment la somme des forces qui agissent sur chacun de ses points ainsi que sur le piston, et l'on aura en appelant P le poids de la tige et du piston

$$\Sigma X = -\frac{P}{g}\, r\omega^2. \qquad (39\ bis)$$

Telle sera la force qui agira par traction sur la tige quand le point B sera en C et qui agira par compression quand le point B sera en D ($\cos\varphi$ est alors en effet égal à -1).

Le poids P dépendant du diamètre de la tige peut être évalué d'abord approximativement, puis corrigé après l'application des formules de résistance.

On peut aussi exprimer la force ΣX en fonction du nombre n de coups doubles que la machine donne par seconde. On aura en effet

$$\omega = 2\pi n,$$

d'où

$$\omega^2 = 4\pi^2 n^2.$$

Si l'on appelle c la course du piston, on aura de plus

$$r = \frac{c}{2} \quad \text{d'où enfin} \quad \Sigma X = \frac{P}{g} 2\pi^2 n^2 c.$$

On voit que cette formule est applicable au cas où la tige est attelée directement ou non à l'arbre de couche.

Exemple. Soit $n = 2$; $P = 200^k$; $c = 1{,}20$,

on aura $\qquad\qquad \Sigma X = 1960.$

Pour calculer le diamètre de la tige, il suffira d'ajouter la force ΣX ainsi trouvée à la force N dans les formules du n° **131**.

Bielles. On verrait de même que pour les tiges que la composante parallèle à l'axe des X des forces d'inertie qui agissent sur la bielle est aussi donnée par la formule

$$\Sigma X = \frac{P}{g} 2\pi^2 n^2 c$$

dans laquelle le poids P comprend de plus le poids de la bielle.

La composante Y perpendiculaire à X et située dans le plan de rotation de la manivelle varie en chaque point de la bielle. Pour un point E quelconque, on a, en appelant l la longueur de la bielle et b la distance AE la proportion,

$$\frac{y}{r \sin \varphi} = \frac{b}{l} \quad \text{d'où} \quad y = \frac{b}{l} r \sin \varphi.$$

On en déduit en différentiant

$$\frac{dy}{d\varphi} = \frac{b}{l} r \cos \varphi \qquad \text{puis} \qquad \frac{d^2 y}{d\varphi^2} = -\frac{b}{l} r \sin \varphi,$$

d'où

$$Y = m \frac{d^2 y}{dt^2} = -m \frac{b}{l} r \sin \varphi \left(\frac{d\varphi}{dt}\right)^2 = -m \omega^2 \frac{b}{l} r \sin \varphi.$$

On voit que cette force sera un maximum pour $\sin \varphi = 1$, c'est-à-dire pour le milieu de la course du piston, on aura alors

$$Y = -m \frac{b}{l} r \omega^2 = -m \frac{b}{l} 2\pi^2 n^2 c.$$

Cette force est nulle pour le point A où $b=0$; elle croît proportionnellement à b et est un maximum en B où $b=l$. En ce point on a

$$Y = m2\pi^2 n^2 c.$$

En appelant V le volume de la masse m et δ le poids du mètre cube de la matière dont elle se compose, on aura

$$P = V\delta \quad \text{d'où} \quad Y = \frac{V\delta}{g} 2\pi^2 n^2 c.$$

On voit donc que Y au point B est égal au poids qu'aurait la masse m si la densité de la matière était

$$\Delta = \frac{\delta 2\pi^2 n^2 c}{g}.$$

Si la pièce est prismatique, on voit que les diverses composantes d'inertie qui agissent en chacun de ses points et perpendiculairement à sa longueur équivalent au poids des diverses parties d'une pièce semblable dont la densité serait nulle au point A et égale à Δ au point B, ou bien dont la section décroîtrait depuis B jusqu'en A où elle serait nulle, les diverses parties ayant toutes la même densité Δ.

En admettant cette dernière hypothèse, si nous appelons Ω la section de la bielle, la résultante agira au tiers de AB et sera évidemment égale à $\dfrac{\Omega \Delta l}{2}$; l'équilibre statique donne par rapport aux points A et B deux équations de moments qui déterminent la réaction $\dfrac{\Omega \Delta l}{6}$ au point A et $\dfrac{2\Omega \Delta l}{3}$ au point B.

Le moment fléchissant pour un point quelconque situé à une distance l du point A est par suite

$$\mu = \frac{\Omega \Delta b^2}{6} - \frac{\Omega \Delta lb}{6}$$

dont le maximum correspond à $d\mu = 0$ (n° 23). Or

$$d\mu = \frac{\Omega \Delta}{6} (2b - l) = 0$$

donne $2b = l$; le maximum de μ est donc situé au milieu de la pièce et a pour valeur

$$\mu = \frac{\Omega \Delta l^2}{12}.$$

Si la section de la bielle est variable, il convient de prendre pour Ω le maximum de section.

On pourrait calculer pour les autres positions de la bielle les valeurs des composantes des forces d'inertie, et en déduire d'une manière analogue le moment fléchissant μ et la force longitudinale ΣX; ces quantités introduites dans la formule de résistance (n° 63) $R = \frac{v\mu}{I} + \frac{N}{\Omega}$, où $N = \Sigma X +$ la force extérieure calculée au n° 132, permettraient de calculer les dimensions de la bielle de manière que R soit à chaque instant toujours inférieur à la limite pratique de résistance.

Il convient pour plus de sécurité de supposer qu'au même instant le moment μ est égal à son maximum $\frac{\Omega D l^2}{2}$, et que $\Sigma X = \frac{P}{g} 2\pi^2 n^2 c$; l'équation précédente devient par suite, en appelant F la force extérieure déterminée au n° 132,

$$R = \frac{v \Omega \Delta l^2}{2I} + \frac{\dfrac{P}{g} 2\pi^2 n^2 c + F}{\Omega}.$$

On choisit dès lors une forme et une section telles que l'aire Ω et le moment d'inertie I satisfassent à cette relation, en supposant à R la valeur pratique de résistance indiquée aux n°^{s} 67 et suivants.

Si la section de la bielle est un cercle, on a

$$I = \frac{\pi r^4}{4}; \qquad \Omega = \pi r^2; \qquad v = r,$$

on en déduit le rayon

$$r = \frac{2\pi^2 \delta n^2 c}{gR} + \sqrt{\left(\frac{2\pi^2 \delta n^2 c}{gR}\right)^2 + \frac{\dfrac{P}{g} 2\pi^2 n^2 c + F}{\pi R}}.$$

Lorsque P, n et c sont assez petits pour que les termes qui en dépendent soient négligeables par rapport aux autres, c'est que les forces d'inertie ont peu d'importance, la formule se réduit alors à

$$r = \sqrt{\frac{F}{\pi R}}.$$

Balancier. On déduira par les mêmes raisonnements que précédemment, et en appelant L la longueur OH et l la distance variable OM, les relations successives

$$Y = m\,\frac{d^2 y}{dt^2}; \quad y = \frac{lr}{L}(1 - \cos\varphi); \quad \frac{dy}{dt} = \frac{lr}{L}\sin\varphi\,\frac{d\varphi}{dt};$$

$$\frac{d^2 y}{dt^2} = \frac{lr}{L}\cos\varphi\left(\frac{d\varphi}{dt}\right)^2;$$

Pour les extrémités de la course du balancier

$$\cos\varphi = 1, \quad \text{et} \quad Y = \frac{l}{L}\frac{v^2}{r}\frac{P}{g};$$

v représentant la vitesse $r\,\dfrac{d\varphi}{dt}$ du bouton de manivelle.

Pour le milieu de la course $\cos\varphi = 0$; Y est donc nul. On voit donc qu'un balancier peut être considéré sous le rapport des forces d'inertie, comme une pièce posée sur deux appuis en O et à son extrémité et ayant une densité augmentant depuis O où elle est nulle, jusqu'à son extrémité où elle est $\dfrac{v^2}{rg}$.

La composante X est à peu près nulle, le déplacement suivant cet axe étant très-faible.

D'après ce qui précède et d'après le n° 134, on voit donc que les forces extérieures et les forces d'inertie agissent simultanément. Les premières, lorsque le balancier est au milieu de sa course et comme encastré en O; les secondes, lorsque le balancier est aux extrémités de sa course et comme appuyé en O et à son extrémité. On calculera donc les dimensions du balancier pour ces deux cas comme on en a vu, et l'on adoptera les plus fortes des dimensions ainsi trouvées.

Manivelle. Par les mêmes considérations que pour les bielles, on verrait que la manivelle est soumise à une force longitudinale $\Sigma X = \dfrac{P}{g} 2\pi^2 n^2 c$, lorsqu'elle est située en C ou D et à une force $\Sigma Y = \dfrac{2\Omega D l}{6}$, longitudinale aussi lorsqu'elle se trouve dans une direction perpendiculaire.

144. *Conclusion.* Calcul des dimensions d'une pièce quelconque soumise à des forces variables d'intensité et de direction.

On doit d'abord déterminer par les équations d'équilibre (n° 59), et les considérations des n° 74..., etc. :

1° Le moment fléchissant longitudinal μ de la pièce en chacun de ses points et pour chaque hypothèse de charge et surcharge, puis tracer pour chacune de ces hypothèses une courbe dont les abscisses représentent les diverses longueurs développées de la pièce depuis le point considéré jusqu'à l'une de ses extrémités et dont les ordonnées représentent les valeurs de ces moments fléchissants ; appliquer à μ dans la formule

$$R_1 = \frac{v\mu}{I} \qquad\qquad (\text{n° } 63)$$

le maximum de valeur trouvé pour chacun des points de la pièce, faire une hypothèse relative aux dimensions de celle-ci, en déduire I et v (n° 88), enfin calculer R_1 ;

2° Tracer des courbes analogues représentant les composantes longitudinales N de compression en chaque point ; en déduire

$$R_2 = \frac{N}{\Omega} ; \qquad\qquad (\text{n° } 61)$$

3° De même pour les efforts tranchants, en déduire

$$R_3 = \frac{F}{\Omega} ; \qquad\qquad (\text{n° } 65)$$

4° Enfin de même pour les moments de torsion, en déduire

$$R_4 = \frac{r \Sigma M_x P}{l_1}, \qquad\qquad (\text{n° } 64)$$

Ajouter entre eux ces efforts auxquels la molécule la plus fatiguée de chaque section est soumise et vérifier si la matière dont la pièce est formée est capable de supporter cet effort (n° 67).

Suivant que l'effort total R est trop grand ou trop petit, il faut réduire ou augmenter en chaque point les dimensions supposées de la pièce et recommencer les calculs. On voit que ce cas est d'une complète généralité et comprend tous ceux que nous avons ou non traités en ce livre.

Dans le cas particulier où R_2, R_3, R_4 sont négligeables par rapport à R_1 (pièces droites simplement fléchies) la formule $R = \dfrac{v\mu}{I}$ peut se mettre sous la forme $\dfrac{I}{v} = \dfrac{\mu}{R_1}$.

On s'impose en ce cas pour R_1 une des valeurs des tableaux des n°s 67 et suivants, on calcule μ pour chaque point de la pièce et pour chaque hypothèse de surcharge, on en déduit les valeurs $\dfrac{\mu}{R}$, on trace les courbes représentatives de ces diverses valeurs pour chacune des hypothèses de surcharge; puis au moyen des valeurs de $\dfrac{I}{v}$ données par les tableaux numériques, on encadre ces diverses courbes par une série de parallèles à l'axe des x, la distance de ces parallèles à l'axe des x représentant les valeurs de $\dfrac{I}{v}$ qui correspondent aux sections qu'il est nécessaire d'employer aux divers points de la pièce.

Exemple. Soit une poutre à 3 travées qui, pour 3 hypothèses différentes de surcharge donne lieu à des moments fléchissants représentés en chaque point par les ordonnées des 3 courbes ABCDEFG, AB'C'D'E'F'G, AB"C"D"E"F"G, soit une poutre de $1^m,20$ de hauteur, soit 0,0200 le maximum en B des valeurs calculées de $\dfrac{\mu}{R}$, le tableau numérique donne pour une certaine section la valeur $\dfrac{I}{v} = 0,0205$; à cette distance de l'axe des x, on tracera donc une parallèle à cet axe et l'on fera de même pour les valeurs 0,0185 et 0,0171, etc., immédiatement inférieures dans le tableau de $\dfrac{I}{v}$ pour les poutres de même hauteur mais de sections moindres. La section suffisante en un point quelconque H par exemple sera celle dont la valeur $\dfrac{I}{v}$ correspondra à la parallèle KL immédiatement supérieure, car l'on aura pour cette section $\dfrac{I}{v} > \dfrac{\mu}{R}$, ce qui satisfait *à fortiori* à la condition de résistance

$$\frac{I}{v} = \frac{\mu}{R}.$$

On déterminerait de même la section de poutre qu'il convient d'employer pour un autre point quelconque de la pièce.

Remarque. Lorsque dans une même travée la charge par mètre courant est uniforme, la courbe représentative de $\dfrac{\mu}{R}$ est une parabole dont le paramètre et par suite le gabarit est le même pour une même valeur de charge par mètre courant et cela quelle que soit la longueur de la travée. En effet, si p représente la charge par mètre courant, F_0 et μ_0 l'effort tranchant et le moment fléchissant en un certain point, le moment fléchissant en un point situé à une distance x du premier sera

$$\mu = \mu_0 + Fx - \frac{1}{2} px^2,$$

équation du deuxième degré qui ne contient que l'une des ordonnées à la deuxième puissance. C'est donc une parabole d'après le n° 10. Il en est évidemment de même pour la courbe dont $\dfrac{\mu}{R}$ représentent les ordonnées Lorsque les diverses hypothèses de charge des pièces à calculer consistent en des poids uniformément répartis sur une même travée quoique différant d'une travée à l'autre, la remarque précédente permet de tracer facilement les courbes dont il est question ci-dessus au moyen de gabarits de paraboles correspondant aux valeurs p des charges par mètre courant.

Tableau donnant la valeur du rapport $\frac{I}{v}$ pour 416 poutres de sections différentes,
(Voir n° 103) les cornières et les

CORNIÈRES.		50.50/9	70.70/12	90.90/15	50.50/9	50.50/9	50.50/9	70×70/12	70.70/12	70.70/12	90.90/15
SEMELLES.		0	0	0	150/5	150/10	150/15	200/10	200/15	200/20	250/13
Épaisseur d'âme.	Hauteur de la poutre.										
0,007	0,20	0,00034	0,00050	0,00069	0,00046	0,00053	0,00065	0,00073	0,00083	0,00110	»
»	0,25	44	66	84	60	70	87	99	0,00114	140	»
»	0,30	54	83	99	75	88	0,00110	0,00125	145	170	»
»	0,35	64	0,00100	0,00121	89	0,00109	132	152	177	202	»
»	0,40	74	117	142	0,00104	130	155	180	210	235	0,00280
»	0,45	85	133	164	118	147	177	210	242	275	327
»	0,50	96	150	180	132	165	200	240	275	315	375
0,008	0,50	0,00097	0,00155	0,00185	0,00137	0,00170	0,00205	0,0025	0,0028	0,0032	0,0038
»	0,60	0,00130	220	263	181	218	266	32	36	41	48
»	0,70	175	270	341	226	266	327	38	44	49	58
»	0,80	220	325	419	270	314	388	45	52	58	68
»	0,90	250	375	498	315	362	449	52	65	67	80
»	1,00	287	426	576	360	410	510	60	68	77	91
0,010	1,00	0,0030	0,0044	0,0059	0,0038	0,0043	0,0053	0,0062	0,0070	0,0079	0,0093
»	1,10	»	»	»	44	51	62	70	79	89	0,0105
»	1,20	»	»	»	50	59	71	78	89	0,0100	117
»	1,30	»	»	»	57	67	80	88	99	110	129
»	1,40	»	»	»	64	75	89	98	0,0111	123	143
»	1,50	»	»	»	71	83	98	0,0108	122	135	156
»	1,60	»	»	»	79	91	0,0107	118	132	146	170
»	1,70	»	»	»	80	0,0100	110	128	143	158	184
»	1,80	»	»	»	95	108	125	139	155	172	199
»	1,90	»	»	»	0,0105	116	135	150	168	186	214
»	2,00	»	»	»	115	125	146	162	181	199	229

forme double T avec une âme verticale, quatre cornières et deux semelles horizontales.
semelles sont cotées en millimètres.

90.90/15	90.90/15	90.90/15	90.90/15	90.90/15	90.90/15	90.90/15	90.90/15	90.90/15	90.90/15	90.90/15	90.90/15
250/20	250/30	300/30	300/35	350/35	350/40	350/45	400/45	400/30	430/50	500/50	350/50
»	»	»	»	»	»	»	»	»	»	»	»
»	»	»	»	»	»	»	»	»	»	»	»
»	»	»	»	»	»	»	»	»	»	»	»
»	»	»	»	»	»	»	»	»	»	»	»
0,00312	0,00372	0,00423	0,00457	0,00510	0,00555	»	»	»	»	»	»
364	441	499	536	605	650	»	»	»	»	»	»
415	510	575	615	695	745	»	»	»	»	»	»
0,0042	0,0051	0,0058	0,0062	0,0070	0,0075	0,0080	0,0089	0,0095	0,0105	»	»
54	65	73	78	88	95	0,0101	0,0112	0,0112	132	»	»
66	78	88	95	0,0106	0,0114	123	136	146	161	»	»
77	92	0,0103	0,0112	125	134	145	161	172	190	»	»
89	0,0106	119	120	144	155	167	186	198	219	»	»
0,0101	121	135	147	163	177	190	211	225	249	»	»
0,0103	0,0123	0,0137	0,0149	0,0165	0,0179	0,0192	0,0213	0,0228	0,0251	0,0273	0,0295
116	139	154	167	185	200	215	238	255	280	305	330
130	155	171	185	205	222	239	263	282	310	337	365
143	169	188	204	226	245	263	289	311	341	371	400
158	187	207	225	248	268	288	317	340	373	404	438
173	205	226	245	270	291	313	345	369	405	439	475
178	222	245	265	292	315	339	373	399	417	474	512
203	230	264	286	313	339	365	401	430	470	510	550
219	258	284	307	337	364	392	430	461	503	547	580
235	276	304	329	361	389	419	460	493	536	584	628
251	295	325	351	385	415	446	490	525	571	620	668

Table des diverses valeurs algébriques relatives à la résistance des diverses poutres doubles T en fer laminé; b hauteur de la poutre; a largeur des semelles; 2e somme des deux épaisseurs des semelles; e' épaisseur de l'âme; I moment d'inertie de la section; v demi-hauteur de la poutre; Ω aire de la section. (Les nombres des quatre premières colonnes ont pour unité le millimètre.)

Provenance.	b	a	$2e$	e'	$\dfrac{\mathrm{I}}{v}$	$\dfrac{v}{\mathrm{I}}$	Ω	$\dfrac{1}{\Omega}$
Providence.	100	43	12	5	0,0000285	34500	0,000956	1050
	100	45	12	7	318	31200	0,001156	870
	120	45	14	4	402	24800	1054	950
	120	50	14	9	522	18900	1654	570
	120	85	22	9	938	11400	3652	270
	120	92	22	16	0,0001214	8200	4492	220
	140	47	14	6	0,0000559	17700	1216	840
	140	53	14	12	754	13200	2056	490
	160	48	16	7	773	12800	1552	650
	160	53	16	12	986	11200	2352	430
	180	55	18	8	0,0001120	9800	1990	500
	180	62	18	15	1497	6700	3250	300
	200	110	28	10	3093	3210	3800	260
	200	117	28	17	3559	2780	5200	190
	220	64	20	9	1822	5400	3080	330
	220	71	20	16	2387	4200	4774	210
	260	67	24	13	2997	3320	4676	210
	260	74	24	20	3786	2620	6496	150
	300	120	36	16	7330	1360	0,010656	95
	300	128	26	24	8530	1180	13056	75
Dumont et Dreyfus.	80	45	14	6	0,0000246	40500	0,001026	970
	80	55	14	16	353	27800	1826	540
	80	50	16	8	282	34800	1312	740
	80	55	16	13	333	29800	1712	570
	80	55	18	9	358	27800	1548	630
	80	65	18	19	464	21400	2348	420
	100	55	16	6	432	22800	1384	720
	100	65	16	16	698	14400	2384	420
	100	60	18	9	531	18700	1808	550
	100	70	18	19	698	14400	2808	350
	100	65	22	11	655	15200	2288	440
	100	75	22	17	755	13200	2888	350

Provenance.	b	a	$2e$	e'	$\dfrac{I}{v}$	$\dfrac{v}{I}$	Ω	$\dfrac{1}{\Omega}$
Dumont et Dreyfus.	120	65	18	7	0,0000705	14200	0,001764	570
	120	75	18	17	945	11200	2964	340
	120	70	20	9	833	12000	2300	470
	120	80	20	19	0,0001073	9930	3500	280
	120	75	24	11	1010	9990	2856	340
	120	85	24	21	1250	7950	4056	250
	140	80	20	8	1131	9400	2560	400
	140	90	20	18	1457	6800	3960	260
	140	85	24	10	1380	6700	3200	310
	140	95	24	20	1710	5700	4600	210
	140	90	28	12	1450	6800	4149	240
	140	100	28	22	1780	5600	5549	180
	160	80	20	8	1350	7300	2720	360
	160	90	20	18	1770	5600	4320	230
	160	85	24	10	1670	6000	3400	290
	160	95	24	20	2090	4800	5000	200
	160	90	28	12	1950	5100	4104	240
	160	100	28	22	2376	4200	5704	175
Montataire.	100	42	15	10	0,0000372	26800	0,001580	620
	100	47	15	15	456	21800	1980	510
	120	47	16	5	455	21800	1272	780
	120	50	16	10	575	17200	1840	540
	140	50	17	7	780	12700	1711	560
	140	55	17	12	845	11900	2411	420
	160	55	18	7	0,0001152	9100	1984	510
	160	62	18	14	1303	7600	3104	320
	180	60	18	8	1192	8400	2376	420
	180	67	18	15	1571	6400	3636	270
	200	65	19	8	1517	6500	2863	380
	200	73	19	16	2050	4800	4283	230
	220	65	19	8	1736	5700	2843	340
	220	73	19	16	2382	4200	4603	220

Tableau des diverses valeurs algébriques relatives à la résistance des poutres à sections carrées dont b représente le côté.

b	I	$\dfrac{\mathrm{I}}{v}$	$\dfrac{\overline{v}}{\mathrm{I}}$	Ω	$\dfrac{1}{\Omega}$
0,10	0,0000083	0,000160	6000	0,0100	100
11	0,0000122	220	4700	121	84
12	173	290	3400	144	70
13	238	360	2900	169	60
14	320	460	2200	196	52
15	422	560	1800	225	45
16	547	680	1460	256	40
17	693	820	1220	289	36
18	870	970	1000	324	32
19	0,0004002	0,001140	870	361	28
20	1333	1330	770	400	25
21	1620	1540	650	441	22
22	1950	1770	570	484	20
23	2380	2070	500	529	18
24	2840	2360	430	576	17
25	3230	2600	390	625	15
26	3800	2930	340	676	14
27	4430	3280	300	729	13
28	5180	3700	270	784	12
29	5900	4070	240	841	12
30	6750	4500	220	900	11
31	7800	5020	200	961	11
32	9000	5620	180	1024	10
33	0,0010100	6120	160	1087	9
34	11200	6580	150	1156	9
35	12400	7140	140	1225	8
36	14200	7880	130	1296	8
37	15600	8430	120	1369	7
38	17500	9210	110	1444	7
39	19000	9740	100	1521	6
40	21100	0,010660	95	1600	6

Tableau analogue au précédent pour des sections dont la hauteur b est double de la largeur a.

b	a	I	$\dfrac{I}{v}$	$\dfrac{v}{I}$	Ω	$\dfrac{I}{\Omega}$
0,10	0,050	0,0000041	0,000080	12500	0,0050	200
11	55	61	0,000110	9000	60	160
12	60	86	145	6800	72	135
13	65	0,0000119	180	5500	84	139
14	70	160	230	4400	98	118
15	75	211	280	3500	0,0112	89
16	80	273	340	2900	128	77
17	85	346	410	2400	144	68
18	90	435	485	2100	162	59
19	95	501	570	1700	180	55
20	0,100	666	665	1500	200	50
21	105	810	770	1280	220	45
22	110	975	885	1230	242	41
23	115	0,0001190	0,001035	940	264	37
24	120	1420	1180	860	288	34
25	125	1615	1300	750	312	32
26	130	1900	1465	670	338	29
27	135	2215	1640	590	364	27
28	140	2590	1850	540	392	25
29	145	2950	2035	490	420	23
30	150	3375	2250	440	450	22
31	155	3900	2510	390	480	21
32	160	4500	2810	340	512	20
33	165	5050	3060	320	544	19
34	170	5600	3290	300	578	17
35	175	6200	3570	270	612	16
36	180	7100	3940	250	648	15
37	185	7800	4215	240	684	14
38	190	8750	4605	210	722	13
39	195	9500	4870	200	760	13
40	0,200	0,0010550	5330	190	800	12

TABLE DES MATIÈRES.

PREMIÈRE PARTIE.

CHAPITRE PREMIER.

GÉOMÉTRIE ANALYTIQUE.

CHAPITRE II.

CALCUL DIFFÉRENTIEL ET INTÉGRAL.

CHAPITRE III.

MÉCANIQUE.

DEUXIÈME PARTIE.

RÉSISTANCE DES MATÉRIAUX.

TROISIÈME PARTIE.

APPLICATIONS

CHAPITRE PREMIER.

PONTS.

CHAPITRE II.

BATIMENTS CIVILS.

CHAPITRE III.

MACHINES.

FIN DE LA TABLE DES MATIÈRES.

Paris. — Imprimé par E. THUNOT et Cᵉ, rue Racine, 26, près de l'Odéon.

CHAPITRE III.

Dérangements.

CHAPITRE II.

Dérangement d'une [illegible].

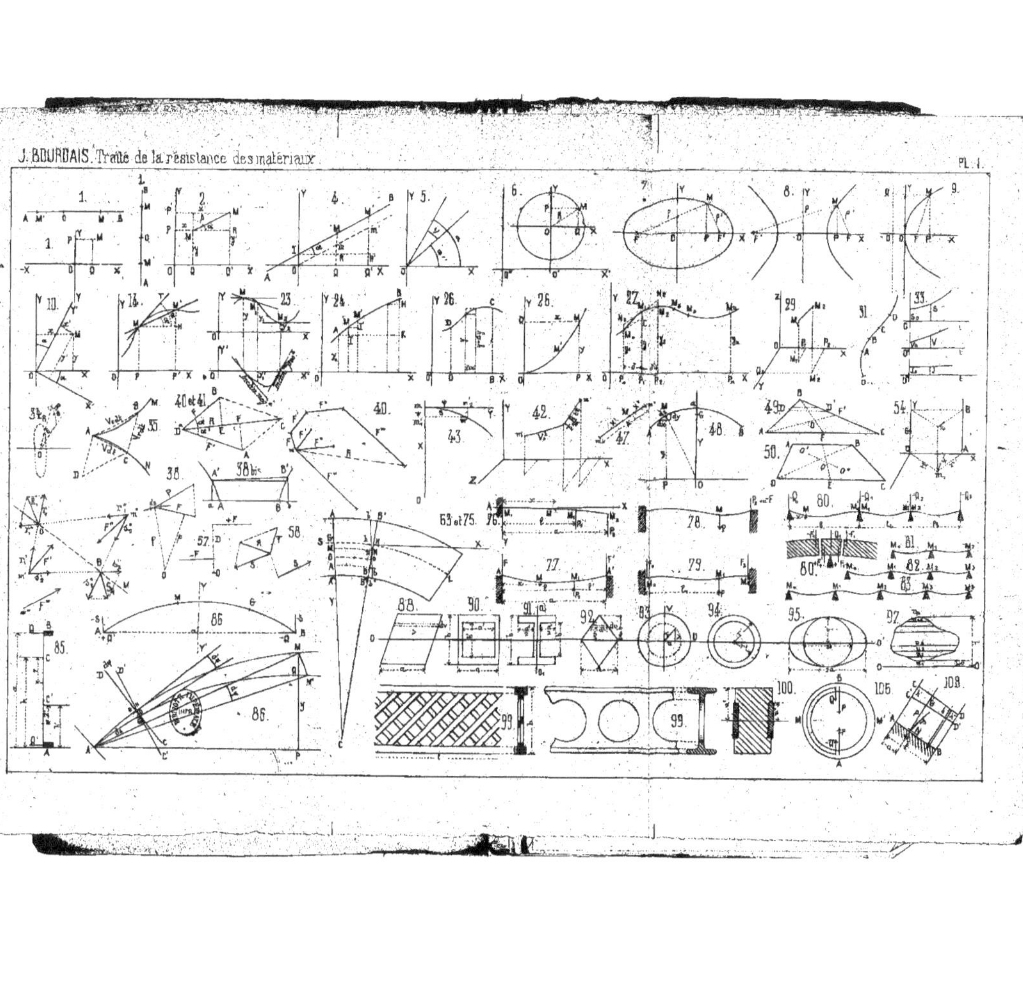

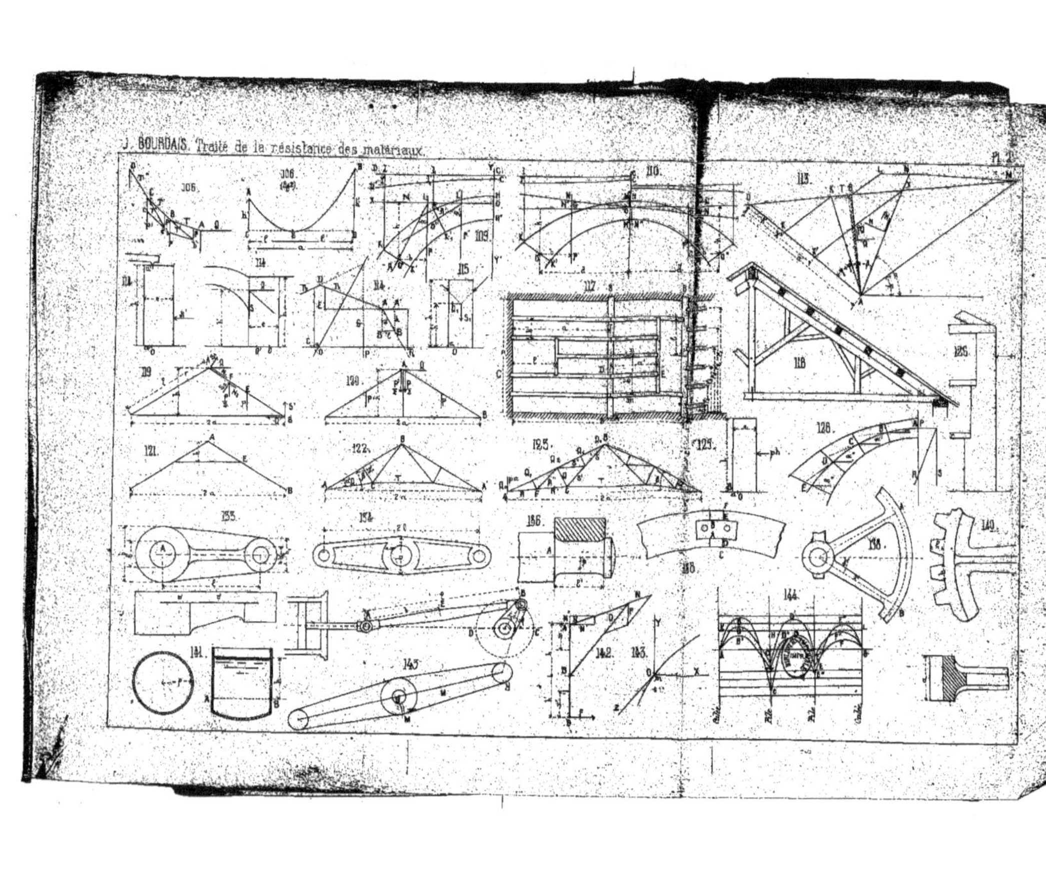

Paris. — Imprimé par E. Thunot et Cᵉ, rue Racine, 26.